蔬果花木拾趣

饒玖才 著

作者的話

多年來，我習慣剪貼報刊有趣的資訊，或作筆記，以備參考。退休後涉獵香港地方歷史和風物的探討，搜集這方面的材料更多。1998年起，先後出版《香港地名探索》、《香港舊風物》等多本書籍，頗受讀者歡迎。

2019年，本港社會動盪及新冠肺炎來襲，困居家中，趁機會清理所收集有關植物的資料，編寫新書。但中途身體不適，確診喉部腫瘤，即入醫院進行手術，繼之以放射性治療，幸好過程順利，回家休養。惟體力不如前，曾打算放棄，經家人鼓勵及協助，終告完成。

本書內容是從市民日常食用蔬果，及美化環境的花木中選取較有趣味，或具文化歷史和地方風俗價值者，分四類共57篇短文，定名為《蔬果花木拾趣》。四類中花卉類篇幅較少，主要原因是其品種眾多，且出版界已有很多由園藝專家撰寫，資料豐富的書籍，故本書只選野外生長的。另一方面，本書有幾篇內容「跨越」兩類者，則以其重點或連貫性質而定，例如第40篇〈桃與桃花〉，是因桃花現今的觀賞價值而撥入「花」類，而香料植物多為木本，故相關文章收錄於樹木類。相片的搜集是編寫過程中一項重要工作，因為植

物生長有季節性，其開花、結果、收穫各有定時。生長地點分佈廣泛，但個人體力有限，幸而得到幾位農業工作者和新界的農友如葉子林先生等協助。稿件完成後，又得到郊野公園之友會、獅子會自然教育基金及漁農自然護理署協助，得以付梓，特此一併鳴謝。

由於植物品種眾多，名稱古今不同，其現代分類亦因多種原因間中有更改，故此，本書所列植物品種名稱，以近年出版的《香港植物誌》為準，別名則參考中國古代主要植物典籍。惟個人能力有限，或稍有疏漏，還請讀者包涵之餘，亦不吝賜教。

饒玖才

2022 年 10 月

序言

　　香港是一個人口稠密但交通發達的商業城市。市民食用的蔬果，以及日常見到的花木，除本地原產者外，很多是從世界各地供應或引入種植，不過，大家因工作及生活繁忙，多對它們認識不深。

　　饒玖才先生是本會資深會員，1990 年退休時為漁農處助理處長，之前長期從事農林工作，有關經驗豐富，對郊野公園的建設和教育亦貢獻良多。退休後他開始涉獵本港史地和風物研究，範疇涵蓋地名和農、林、漁業等，曾出版多本有關書籍，頗受讀者歡迎，多年來亦一直擔任康樂及文化事務署博物館專家顧問（民俗學）。饒先生積極參與本會會務，曾身體力行，代表郊野公園之友會負責籌建衛奕信徑。

　　最近，饒先生將本港市民經常吃到或見過的蔬果花木作一個較全面的敍述，依據它們的原產地、生長習性、栽培過程、名稱起源，以及有關的歷史故事、詩詞歌謠及俗語等資訊結集成書。此書內容豐富，既有引經據典的，也加入了科學知識和中國文化元素，除可作科普教育以至本港旅遊及山藝導賞員的參考資料外，也是不可多得的消閒讀物，不容錯過。

饒先生以九秩高齡，努力完成此書，將經驗慷慨與讀者分享，本會謹此致謝，而本會有機會支持饒先生出版此書，深感榮幸。

郊野公園之友會是一個政府註冊的非牟利機構，出版書籍和刊物所得的收益，均全數用於推廣郊野活動的工作，而會員對會務的貢獻亦為義務性質。

郊野公園之友會

主席

謝禮良

2023 年 4 月

獅子會自然教育基金簡介

　　獅子會自然教育基金於 1990 年成立，首個項目就是籌建西貢蕉坑的「獅子會自然教育中心」，該中心是全港首個獨特而全面性的自然教育設施。基金一直抱着「推廣保護自然生態，倡導環保教育」為宗旨，與漁農自然護理署合作無間。

　　自然教育中心在 16 公頃土地上展示香港漁業、農業、地質、郊野資源及發展，設有五個展覽館和多個戶外特色展區，為學校、機構及公眾提供各類自然教育、野外研習和自然導賞的活動，至目前為止仍是大眾經常到訪學習和考察自然生態的場地。

　　基金從 2008 年起積極參與推廣「香港地質公園」，在自然教育中心修建地質館、印製科普書籍、購置標本、製作紀念品、接待由世界各地到訪的地質公園評委及工作人員。最終在 2011 年，聯合國教科文組織接納香港地質公園為世界級地質公園。我們藉着到世界

各國的地質公園考察和交流，推動和宣傳環境保育的理念，曾經到訪內地、日本、英國、意大利、德國和愛爾蘭等地的地質公園，認識當地文化和交流，成為好朋友。

近年基金致力與漁護署合作「同根同源」項目，先後建立鴨洲故事館、吉澳故事館、滘西村故事館和荔枝窩故事館。故事館記載了該村幾百年的歷史，幾代村民過往的生活文化，讓這些非物質文化遺產得以保護和傳承。

獅子會自然教育基金
Lions Nature Education Foundation

國際獅子會
Lions Clubs International

第 88 屆國際獅子年會
The 88th Lions Clubs International Convention

目錄

果品類

花卉類

樹木類

蔬菜類

南方奇蔬——蕹菜

　　中國人食用的蔬菜中，最普遍的種類多屬於十字花科（花瓣呈十字形者）：白菜、菜心、芥菜、黃芽白（大白菜）和芥蘭。不過，在廣東另有一種獨特的亞熱帶菜蔬——蕹菜。

　　蕹菜是旋花科的一年生蔓狀草本，原產於亞洲的亞熱帶地區。在天然狀態下，它匍匐生長於濕地泥土或浮生於河溪沿岸。其莖有節，節間中空（作通氣）。葉具長柄，呈長三角形而端尖。花朵喇叭狀，一如同種屬的牽牛花，但花瓣則呈白色，夏季開放。結成蒴果，內有種子二至四粒。它可用種子或老株莖部一截繁殖。

　　蕹菜之名首見於書籍，是西晉年代（公元三世紀）廣州太守嵇含主編的《南方草木狀》，書中記載了當時廣東地區有三種有別於「中原」（黃河流域）的蔬菜：茄樹（即茄瓜或矮瓜）、綽菜（即荄筍）和蕹菜。有關後者一段說：「蕹，葉如落葵而小，性冷，味甘。南人編葦為筏，作小孔浮於水上，種子於水中則如萍，根浮水面。及長，莖葉皆出於葦筏孔中，隨水上下，南方之奇蔬也。」

　　在古代，它是浮生於珠江三角洲一帶河溪旁邊的雜草。後來人們發現它含有很多養料，遂栽培作蔬菜。當時的種植方式，是以木架、竹條及蘆葦結成長方形的大扁排，稱為「簰」（音牌），以繩繫之於河溪岸邊，然後將種子或老株莖部有節一截，插放於其上孔

中，發芽後根部垂入水裏，吸取養份供植株生長。簰在古代農業書籍稱為「浮田」或「架田」，在華中則稱為「葑（音封）田」(註一)。這種「無土種植」方式，後來更引用於一些魚塘裏，形成了「上菜下魚」的耕種制度，使土地得以充份利用。到冬季植株停止生長，但不完全枯死；翌春從節間再發新芽生長。唐代段公路《北戶錄·蕹菜》說：「葉如柳，三月生，性冷味甜。土人織葦簰，長丈餘，闊三四尺，植於水上，其根如萍，寄水上下，可和畦賣也。」指出這種架田亦可連同生長中的蔬菜一同買賣。

清初廣東學者屈大均有詩詠此事物：「上有浮田下有魚，浮田

旱田種植蔬菜，須有充足灌溉。（照片提供：葉子林）

片片似空虛，撐舟直上浮田去，為探仙人綠玉蔬。」另一位同時代學者朱彝尊亦有「蕹菜春生滿池碧」之句，描寫其根株翌年再發芽生長的景象。

由於這種蔬菜在珠江三角洲栽培成功，廣東其他較乾旱地區以及華中各省，均先後效法，更在旱地試植。但較北地區冬季寒冷，植株易被霜雪凍死，故在冬季到來前，將一批老株頭從泥土中挖起，放入土窖中越冬；翌春取出重新插放田中，壅土及加糞肥，使其再發新芽生長，因此便稱為「壅菜」或「蓊菜」（壅音雍，兩字相通，意為培土。蓊相信是音訛。）。後來文人因為它是草本，遂改寫成「蕹菜」。有些廣東人以其莖內中空，稱之為「空心菜」或「通菜」。不過，在福建和台灣，則稱為「甕菜」（甕音 ung³）之名，據稱是因當地品種是昔日由南洋某島國用瓦缸貯母株運入 [註二]。

蕹菜除作菜餚外，亦具藥效，主治食物中毒。昔日鄉民誤食毒草「冶（野）葛」（即胡蔓藤，俗稱「斷腸草」，學名 *Gelsemium elegans*）者，可用蕹菜搗汁灌飲救治。 [註三]

用浮田種植蕹菜的方式，古代廣州（番禺縣）曾引起一宗「訟失蔬圃」的怪案（載於清代廣州學者仇巨川（池石）的《羊城古鈔》）。案情大致如下：菜農甲有栽蕹菜的河溪旁浮田一塊，風雨後失蹤，稍後發現於下游菜農乙地界內，於是向官府狀告乙方盜竊。主審的縣宰是新從北方到任，尚未明瞭廣東浮田的操作，初判乙方罪成。乙方不服上訴，經過詳細調查，證實是因風雨引致流走，終判乙方無罪，甲方須自費將有關浮田拖回，並賠償對方名譽損失。

英國人來到香港，以蕹菜的葉似菠菜，但長於水中，故稱之為 Water Spinach，其實兩者無親緣關係。至於蕹菜的學名 *Ipomoea aquatica*，在拉丁文中意為水生的蔓性草本。

十九世紀末，香港島及南九龍發展為市區，人口增加，對新鮮蔬菜的需求甚殷，吸引了一批廣東菜農，來港賃地種菜。北九龍旺角一段低濕地，成為蕹菜及西洋菜的種植區[註四]。後來該地段發展為住宅區，其中新闢街道以該兩種蔬菜命名，但蕹字較生僻，故選用通菜為名，取其「路路通」好意頭。

經過長期在不同的地理環境栽培，蕹菜發展出兩大食用種類，它們對泥土和水份的要求不盡相同，其植株形態和品質亦有些差別：

架田，原載於《古今圖書集成·博物彙編·藝術典·第五卷》

現今的旺角通菜街

白骨蕹菜（照片提供：葉子林）

青骨蕹菜（照片提供：葉子林）

水蕹：在水田種植，其莖葉較大，淡綠色帶白，故又稱「白骨」，菜味略淡，但單位面積產量較高。

旱蕹：在旱地栽培，其莖葉較細，深綠色，故又稱「青骨」，菜味較濃郁^{（註五）}，單位面積產量略低。

香港氣候溫暖，蕹菜幾乎可全年生長。但主要生產季節為夏、秋兩季，期內每隔三至四星期可收割一次，卻需要不斷補充肥料。

菜農收割蕹菜，都是剪取長截莖葉，結成一束，顧客購買後則將其切成小截煮食。因蕹菜有節，故小截中有些有節（莖內不通），有些則無（莖內全通），於是昔日廣州話中就衍生了一句歇後語——「蕹菜文章，半通不通」，戲指別人的文章寫得不夠通順。

在二次大戰前，常有市民說，多吃蕹菜後，游泳時腳部易抽筋，故它在坊間又有「抽筋菜」的俗名。後有體育界人士指出，游泳時腳部易抽筋的主要原因，是入泳前未有做「熱身運動」所引致。現今泳者已懂得為手腳做一些柔軟運動才入泳，故此種毛病現已罕聞。

綜合上述，「南方奇蔬」之名，蕹菜當之無愧！

兩端均有莖節——不通

莖節只有一端外通——半通

註一　見於元代《王禎農書‧農器圖譜‧田制門‧架田》：「若深水藪澤，則有葑
　　　田，以木縛為田坵，浮繫水面，以葑泥附木架上，而種藝之，其木架田坵，
　　　隨水高下浮泛，自不渰（音掩）浸，《周禮》所謂『澤草所生，種之芒種』
　　　是也。」又據 2002 年，顏澤賢、黃世瑞編，廣東人民出版社刊行的《嶺南科
　　　學技術發展史》第七章〈蔬菜栽培技術〉，廣東使用架田方法耕種，始於唐
　　　代末葉，到宋代後才逐漸普遍。

註二　見於台灣學者楊子葆在香港《明報》的專欄《世紀‧味無味集》，2017 年 7
　　　月 26 日，題為：〈三把蕹菜欲登天〉。文中指出，根據宋代陳正敏的《遯齋
　　　閒覽》：「本生東裔『古倫國』，蕃舶以甕盛之，故名甕菜。」楊氏認為古
　　　倫國可能是琉球群島或南洋某島國。奇怪的是，廣州話口語一向稱「蕹」菜
　　　為「甕」菜，相信是甕字聲音響亮之故。近年出版的《香港植物誌》則以「蕹
　　　菜」為正式名稱。

註三　見於明代李時珍《本草綱目‧菜‧蕹菜》。

註四　九龍獅子山南面的一條溪流，昔日由深水埗大坑東經旺角水渠道（原露天大
　　　水渠於 1960 年代覆蓋成馬路）向西流入海，故附近地方低濕。

註五　據新界老農稱，1950 — 70 年代，本地種植的蕹菜品種／變種有：
　　　水蕹：大雞白（青葉白殼）、大雞黃（黃葉白殼）。
　　　旱蕹：鐵線梗、紫柄通、綠豆青。

2 說薑

　　昔日兒童啟蒙讀本《千字文》有：「果珍李奈，菜重芥薑」之句，指出芥菜和薑在蔬菜中的重要性，等於水果中的李子和蘋果（奈，音內，是古代蘋果的別稱）。在中國食譜中，芥菜是佐膳的餸菜，薑則多作配料和小食。

　　薑（學名 *Zingiber officinale*）是薑科的多年生單子葉植物。它的葉如箭鏃，對生，花黃色；其根莖（即可食部份）肥厚，扁平而呈曲折形，皮淡灰色。肉淺黃色，有芳香及辛辣味，成熟者味更濃。自古以來，是華人的重要副食品，亦用以辟腥及作調味品，更可入藥。其種植及食用，對地方經濟和社會風俗均有影響。

　　東漢‧許慎《說文》稱：「薑原作薑，禦濕之菜也。」北宋‧王安石《字說》：「云禦百邪，故謂之薑。初生嫩者，其尖微紫，名紫薑（亦作茈薑或子薑）；宿根（越年者）謂之母薑也。」作藥用時，則稱「生薑」，是健胃劑。此外，「乾薑」、「老薑」和「炮薑」，亦有它們獨特的藥效。薑字筆劃多，常有別寫姜或羌，或為不同地區方音各異而引致，讀音相同，但意義有些分別。

　　薑原為野生，經人類培育後成為園藝作物，它雖然能開花結子，但通常是用無性繁殖。方法是冬末切取老薑小塊，芽孔向上，埋入疏鬆的沙質土壤，至翌春長出新株，其根莖發育長大。至冬季

部份枝葉枯黃，薑肉積累在根部，挖起風乾便可食用，留在土中的「越冬」者辛辣度增加，稱為「母薑」或「老薑」。

薑原產於東南亞，其後廣佈全球熱帶和亞熱帶，在中國大部份地區均有種植，但以華南所產較佳。清初屈大均《廣東新語·草語·薑》說：「越（粵）薑為古所重，《史記》稱妹嬉嗜珍味，食必有南海（郡）之薑。」越薑就是廣東所產。古代夏朝末代皇帝桀，為了滿足寵妃的愛好，迫令南越土著攀山越嶺，跨過滿佈毒蛇猛獸的地帶，將南海郡的薑送到中原供她享用，勞民傷財。

春秋時代，又有孔子「不撤薑食」之說。孔子本身很注重飲食，但他認為薑雖是辛辣之物，卻非不潔，故有此舉。北宋·蘇軾（東坡）謫居廣東

成長中的薑株（照片提供：葉子林）

冬末薑株枯黃，顯示薑塊成熟。
（照片提供：葉子林）

收穫後風乾的薑塊（照片提供：葉子林）

惠州，嘗過新鮮的薑後，寫下：「先社薑芽勝肥肉，故人兼致白芽薑」的詩句，以之稱讚子薑美味。

子薑雖然爽口，但辛辣味不及成熟的母薑，故自古有：「薑愈老愈辣」之說。這是源於宋代奸臣秦檜威迫正直敢言的晏敦復（官至吏部尚書）的史實。據南宋・李燾《長編》：「秦檜欲晏敦復附己（加入其集團），使人諭之，晏答曰：為我謝秦公，薑（和）桂（皮）之性，到老愈辣。」因此，社會上便有指閱歷豐富，堅強耿直的人為「老薑」。後來，更衍生了「本地薑唔辣」（喻土產不及洋貨）和「夠薑」（喻行動有力）的廣州話俗語。

除了中國外，印度、西亞和歐洲地中海一帶，薑都成為常用食材和食品（如 Ginger bread 薑餅、Gingerale 薑味汽水）。它的外語名稱 Ginger，是源自古印度梵文的 *Sringer-Vera*，意為「其體有角」，即指薑根部的外形。希臘文將其變為 *Zingiberres*，最後變成拉丁文的 *Gingerber*。到十九世紀，植物學家按現代分類命名法，定其學名為 *Zingiber officinale*，其種名表示它是商品，經營者可從銷售中獲利。中國的古籍也有相似記載，《史記・貨殖傳》：「千畦薑韭（韭菜），其人與千戶侯等。言其利博也。」

薑的食用方法頗多，清・康熙年代《廣群芳譜・蔬》稱：「生、熟、醋、醬、糟、鹽、蜜煎皆宜。」在珠三角地區，薑除了作為餸菜（如子薑炒鴨片），常用之以辟魚和肉的腥味，也用以調味及作甜品（如薑汁撞奶、薑茶湯丸）。此外，以薑作為主體的食品，如酸薑、薑醋和糖薑，後者曾經為本港一項重要的外銷產品。

酸薑

　　一種用糖醋浸漬嫩薑塊而成的產品，食用前先去皮，然後用刀斜切成薄片，常用食法有兩種：一是配以皮蛋（通常是將一顆皮蛋縱切成六件），置於小瓷碟，作為粵式酒席的開胃小點。二是用兩塊薄切的椰子肉，夾着一片酸薑，然後用竹籤串起，作為街頭小食，稱為「椰子夾酸薑」。顧客付款後，用手提起便往口裏一送，隨手就拋掉了竹籤。因這動作，產生了「酸薑竹」的廣州話俗語，它指專門玩弄女性的「愛情騙子」，即所謂食完就丟的「牙籤大少」。1970 年代，本港街頭的酸薑檔消失後，此俗語已不再流行。

薑醋

　　原本為婦女產後進補的食品，是廣東珠三角一帶的民間傳統習俗。清初《廣東新語‧草語‧薑》中早有記載：「粵俗，凡婦娠，先以老醋煮薑，或以蔗糖芝麻煮，以壜貯之。既產，則以薑醋薦祖餉親戚。婦之外家亦以薑酒來助，名曰薑酒之會。故問人生子，輒曰薑酒香未？薑中多母薑則香，多子薑則否。白沙詩：隔舍風吹薑酒香。」^(註一)

　　在十九至二十世紀，粵港澳的孕婦在分娩前約一個月，家人就擇日用大瓦煲，放入甜醋、老薑、豬腳和去殼熟雞蛋，慢火煲透成為「豬腳薑」，在煲外貼上紅紙，整煲貯放於家中，待孕婦產後，每天服食。其功效是去瘀血、收斂肌膚和補充養份。因為添了孩子要食薑醋，所以廣東人在孩子彌月（滿月）時，會設「薑酌」（滿月酒）宴請賓客。另一方面，由農村前往城市傭工的已婚男性，每

逢新春或清明節時長假回鄉與妻子團聚，趁機「造人」，翌年添丁，故俗稱為「種薑」。

由於薑醋氣味濃烈，但市區居住環境狹小，煲煮既花時間又影響鄰居，故近年有本地的醬醋店推出「代煲薑醋」的服務，頗受市民歡迎。至於茶樓酒家為迎合年長食客的喜好，將豬腳薑作為一款點心，但年青一代則較少食用。

糖薑

是一種蜜餞食品，製造方法是選用半成熟的薑塊，洗淨去皮，切成薄片，煮沸瀝乾，然後加入糖漿揉勻，置竹器內，在陽光下曬乾，至薑片呈淺紅色便可入瓷瓶或包裝運銷。自明代起，廣東人多以其伴茶或佐酒。

十九世紀，歐洲人到華南貿易，把糖薑帶返祖家，頗受歡迎。到二十世紀初，英國及荷蘭的富裕階層更興起食糖薑的風氣，認為它可去除英倫海峽兩岸冬季的霧氣，並能提神醒腦。因此，糖薑成為廣東的一種外銷產品。1910 年，有商人在本港開設工廠，先從廣東輸入生薑，加工後外銷。1920 — 30 年代的港英政府年報稱：「糖薑為本地重要的農產加工品，主要銷往英國、荷蘭、澳洲及美國，而僑居南洋的華人亦為重要客源。」1931 年，全港共有糖薑廠 12 間，出口銷量高達 3,000 噸。

二次世界大戰期間，中國內地及香港製造的糖薑停止外銷。戰後初期，英國人對糖薑仍念念不忘，本港商人余達之看準機會，在本港擴建廠房製作糖薑，而當時香港產品輸往英國，可享英聯邦稅務優

惠,故業務興盛,而余氏亦被稱為「糖薑大王」。後來他更被推選為本港中華廠商會主席。位於九龍塘又一邨的「達之路」,是紀念他推動開發該住宅區之功。

1970 年後,西歐人士對糖薑的愛好減退,本港糖薑業也逐漸萎縮。

香港的其他薑科植物

香港的薑科植物包括引入栽培的約有 20 種。其中花朵雪白、芳香的薑花(學名 *Hedychium coronarium*),是二次大戰前最受香港居民喜愛的夏季瓶插切花之一,當時新界栽培面積頗廣。藥用種類除了薑之外,還有紅豆蔻^(註二)、草豆蔻、高良薑、閉鞘薑、鬱金、薑三七等。觀賞種類除了白花的薑花外,還有黃花的印度薑花、艷山薑及其栽培品種花葉艷山薑、紅球薑、花葉山柰(學名 *Kaempferia*

紅球薑花朵初開時花瓣白色,後開者紅色。(照片提供:漁農自然護理署)

pulchra）。港人喜愛的調味香料中，除了生薑用於烹飪海鮮外，還有沙薑（學名 *Kaempferia galanga*）用於製作鹽焗雞，而薑黃（學名 *Curcuma longa*）用於製作咖喱食品，如咖喱牛肉、咖喱雞等。薑科植物的用途真不少呢！

薑與香港地名

本地野生的薑也曾引起地名起源的爭論。大嶼山西部的羌山，舊作薑山（1957 年釋筏可、明慧合著《大嶼山誌》所載），是因當地多野生薑類，但有人認為羌為麖（麞）之音訛，是因該地昔日常有黃麖的出沒而來，並引古代筆記為證。兩説均有道理，何者為是，還是讓讀者自己決定吧！

註一 白沙是指明代廣東著名學者陳獻章，他是廣東新會白沙鄉人，故稱陳白沙。
註二 紅豆蔻，2011 年的《香港植物誌》英文版第四卷列其學名為 *Alpinia galanga*。古代中原地區稱之為豆蔻，亦作紅豆蔻，原產於「迦古羅國」（南洋某小島國），當地稱為「多骨」，中文譯音為「豆蔻」。豆蔻的莖、葉、種子都有香味，古時多取用為香料來調理食物；此外，口含豆蔻（子），也有去除口臭的功效；中國南方的少數民族則用豆蔻來祛除「蠱毒」（以毒蟲操控特定目標的一種巫術）。
豆蔻花序初生，含苞待放時稱為「含胎花」，意思是花形猶如「初孕的少婦」，形、味均香嫩可愛。當地人採收含胎花當作果品，首先用鹽水醃漬，再浸入甜醋（用糯米發酵而成的甜酒）中；有時則和木槿花同浸，經冬後呈琥珀色，是烹調食物用的「膾醋」。
唐朝杜牧的詩《贈別二首》之一：「娉娉裊裊十三餘，豆蔻梢頭二月初。」用來比喻少女體態之嬌小可愛，容貌清麗，後人遂以「豆蔻年華」來比喻女子正值妙齡。

3 古語和方言

　　中國歷史悠久、幅員廣闊、人口眾多，文字雖然統一，但各地均有方言。一般可分為八種語系：北方方言、吳語、湘語、贛語、客家方言、閩北方言、閩南方言和粵語。

　　北方方言發展於昔日的「中原」地區（黃河流域），歷史最早，人口最多，文化也較發達。故此，北方方言逐漸發展成為主流的「官話」，書籍上的文字也以之作為規範。不過，因中原地區政治、經濟及社會結構變動較頻，有些古代詞語現已經改變或消失。

　　粵語則以廣州話為主體，源於為避戰亂，由中原南遷至廣東的移民，融合了土著民族的語言而形成。由於偏處南方，受北方社會轉變的影響較少，反而能保留較多昔日中原的古詞語，包括植物名稱及其意義。廣州話中的「葳水」及「衰」，就是例子。

葳蕤

　　衣着光鮮，惹人注目；或體育比賽奪標、考試成績優異，廣州話稱譽為「葳水」。據方言學者文若稚指出，這個形容詞是源自一種草本植物——葳蕤。[註一]

　　「葳蕤」或作「萎蕤」，「葳」，《集韻》於非切，音威；「蕤」，《集韻》儒錐切，音水。「葳蕤」本是一種草的名稱。明代《本草

蔬菜類

25

綱目‧草》：「葳蕤，此草根長多鬚，如冠纓下垂之緌而有威儀，故以名之。」古代文人據此引作形容詞。《辭源》訓釋共有三義：「紛披貌；鮮麗貌；萎頓貌」。廣州話「威水」一語，用的正是「鮮麗貌」一義，而此義引證一些例子。三國時期（公元220年），魏文帝曹丕《滄海賦》：「窺大麓之潛林，睹搖木之羅生。上塞產以交錯，下來風之泠泠。振綠葉以葳蕤，吐芬葩而揚榮。」再如唐代張九齡《曲江集‧感遇》：「蘭葉春葳蕤，桂華秋皎潔。欣欣此生意，自爾為佳節。誰知林棲者，聞風坐相悅。草木有本心，何求美人折？」^(註二) 就是形容鮮麗貌的例子，可見「葳蕤」是古漢詞語。清初《廣東新語‧草語》亦記載：「葳蕤，產（廣東）羅浮鐵橋諸峰，莖幹強直似竹箭，節節有鬚。葉狹長，……三月開青花結實。根大如指許，長一二尺，補益之功逾黃精，……以漆葉同為散，可以延壽。」《本草綱目‧草之一‧葳蕤》：「此草根長多鬚，如冠纓下重之緌，而有威儀故以名之。」

葳蕤的花朵排列整齊

據此，文氏認為「葳蕤」一詞是於古時從中原傳入廣東，後因口音轉訛為「威水」，廣泛使用至今。

按現代植物分類，葳蕤是百合科的多年生草本，學名是 *Polygonatum officinale*，其屬名源自希臘文，意為枝莖無結節，卻有別於一般植物長於根部；種名則指草藥店有售。雖然在廣東羅浮山生長，但香港並未有野生者的記錄。葳蕤也叫「玉竹」，是養陰潤肺，益胃生津的中醫藥用材料（在歐洲，它俗稱為 Solomon's seal，其意為一種形狀威猛的草類）。

蒝荽（芫茜）

「風吹蒝荽，荽（衰）貼地」，是廣州話中表示倒霉和討厭的一句歇後語。它借用植物生長過程中受環境影響的現象，結合其名稱中一個字的讀音，來比喻某人的際遇，或其處世態度。廣州話「荽」與「衰」同音，即倒霉，而「衰貼地」，即倒霉到極。

蒝（音元）荽原產於歐洲地中海地區，後來經中亞傳入中國的草本香料植物。它的中文名稱，據古籍《玉篇》：「莖葉布也」，「蒝」指莖葉散布的樣子。清代《廣群芳譜·蔬》：「荽，音綏，其根軟而白，多鬚綏綏然，故謂之荽。」說明了它是一種枝莖柔弱，葉片稀疏的植物。遇到大風時，枝葉會被吹到東傾西斜，有些更倒在地面，需費力整理。這種情景，恰如廣州人形容的倒霉和討厭。

蒝荽是傘形科的草本，學名 *Coriandrum sativum*。在中國及外國均用來作食物配料，增加香味，故又稱「香荽」（英語名稱 Coriander 源自希臘文 *kóris*，即床蝨的氣味）。此外，又因它從外國

芫茜枝葉柔弱，易被風吹倒

引入，故又稱「胡荽」。在香港，很多食肆簡寫為「芫茜」，芫字讀音沒有問題，但茜字粵音讀作「倩」，變成「芫倩」，是不正確的。近年出版的《香港植物誌》以芫荽為正確寫法。

註一　文若稚，原名陳雅，著有《廣州方言古語選擇》（合訂本），由劉樺編訂，《澳門日報》於 2001 年出版，原文載於第 309 頁。

註二　此五言古詩正是清・乾隆年代蘅塘退士選錄的《唐詩三百首》全書的第一首。作者張九齡，生於韶州曲江（今廣東韶關市），唐代進士出身。在廣東任職時，贊同開鑿一條改善進出嶺南地區交通的通道，獲朝廷批准後親自督師至通道完工。該條貫通南北，從廣東連接江西再延伸至湖南的通道就是赫赫有名的大庾嶺道（今稱梅關古道）。此後，中原人士南來較易，對廣東貢獻宏大。稍後更出任宰相，是官拜此職的廣東第一人，因此，也可算是一種「威水」事物。

4 渾身是寶的蓮

　　在花卉和蔬菜中，有些供欣賞，有些具經濟價值，能兼得者不多，蓮是其中之一。它的花形清雅，氣味芬芳。自古以來，文人雅士爭相以它為吟詠和繪畫的對象，有關的文章、詩詞、成語和俗話，其數量之多，為植物中之冠。在實用方面，它的根、根芽、葉、花、果和子實及其胚乳，均可供食用，葉又可作包裹食物，更可入藥，的確渾身是寶。

　　蓮，又稱荷花、蓮藕，是蓮科的多年水生粗壯草本，學名 *Nelumbo nucifera*。原產於亞洲南部和澳洲。在中國栽培的歷史悠久，分佈亦廣。其別名頗多，在古代有芙蕖、芙蓉、菡萏（「菡」音咸的上聲，「萏」音啖）、澤芝、水芝和水華（花）等。其植株

「接天蓮葉無窮碧，映日荷花別樣紅。」南宋・楊萬里詩句（照片提供：清水）

各部份均有專名，亦衍生了一些詞語。而觀賞用的變異品種亦多。此外，它在印度和一些歐洲國家的語言中，亦具特殊意義^{（註一）}。

　　蓮生長於淺水軟泥中，它的根其實是地下莖（根莖），呈長形而粗壯，肉質疏鬆，內有幾條氣管，用來吸收和貯藏空氣，供植株生長。地下莖橫生，這便是俗稱的藕，通常有五六節，節間生不定根。據明代《本草綱目》解釋：「其花葉常偶生（指花柄和葉柄同時相鄰長出），不偶不生，故根曰藕。」故祝賀親朋新婚便有「佳偶天成」之句。藕的肉質疏鬆，多汁，是良好的食材和飲料。除生吃或榨藕汁外，又可作菜餚、煲湯和蜜漬（糖蓮藕），又可磨成藕粉作甜品；亦可作藥用，有散瘀血之效。

　　種植蓮藕，通常是用無性繁殖，即是把一節成熟的藕，埋入軟泥中，然後灌水。不久，藕便在節的兩端發出很多白色的「根芽」，古時稱為「白蒻」，北方人採之以為蔬菜，稱為「藕絲菜」。由於

蓮花與形成中的蓮蓬

藕肉內含膠質液汁,在採摘和折開藕塊時,形成透明的膠絲連繫,於是有「藕斷絲連」的成語,比喻表面好像斷了關係,實際仍然牽掛着,泛指男女感情纏綿,難以割斷。此語源自唐代孟郊《去婦》的詩句:「妾心藕中絲,雖斷尤連牽。」清代張潮《廣初新志》:「情傳而艷思綺語,觸緒紛來,正恐蓮性雖脆,荷絲難殺」之句。在廣州話裏,則有「老藕」和「拋生藕」的俗語。前者指年華老去,而仍然風騷的女人。後者是形容女人賣弄風情。江浙人則因當地所產的「花香藕」又肥又大,所以形容女人大腿為「藕股」,這些說法令人有性別歧視的感覺。

蓮的葉部(稱為「蕸」)亦自藕節間長出,葉柄(稱為「茄」)和葉合稱為「荷」,其表面具蠟質。葉柄長而徑圓,頗粗壯,以支持圓盾形闊大的葉高於水面。《本草綱目・果・蓮藕》云:「(西晉)陸機《詩疏》云:其莖(實為葉柄)為荷。……莖乃負葉者也,有負荷之義。」驟雨的時候,幾滴水點,荷葉尚能盛載;雨大時,水點積聚,葉面難以支持,便傾向一側而瀉出,故有「不勝負荷」的成語。它源出《左傳》:「其父析薪,其子不克負荷。」意思就是無力支持,或不能繼承先業。荷葉在蓮花結實後便逐漸萎縮,所以,北宋蘇軾有「荷盡已無擎雨蓋,菊殘猶有傲霜枝」的詩句。

蓮葉亦有藥療和實用的價值,它能祛暑除濕。廣東人習慣,農曆「大暑」時節,用蓮葉、扁豆煲連皮冬瓜,是去暑解渴的湯水。粵菜筵席上的古法燉冬瓜盅,亦用蓮葉封蓋頂蒸燉,以增進其藥療功效。它亦用作包裹食物如荷葉飯和糯米雞,蒸熟後除增添一股荷葉清香之餘,更有防腐作用,能保存食物較久。此法據宋代羅願《爾

雅翼》稱，源自古代楚國（即今湖北）：「齊師伐梁，以糧運不繼，調市入餽軍，建康自沈㲄以麥屑為飯，用荷葉裹之，一宿之間，得數萬裹。」唐代柳宗元《柳州峒氓》詩曰：「青箬裹鹽歸峒客^(註二)，綠荷包飯趁墟人。」可知「荷葉飯」歷史悠久！

更奇妙的，就是荷葉上的露水也有藥效。清·乾隆年代，趙學敏的《本草綱目拾遺·水部·荷葉上露》記載：「夏日黎明日將出時，將長杓坐盌（碗的異體字，音同）於首，向荷池葉上傾瀉之，以伏（盛夏）露為佳。秋露太寒。花上者性散，有小毒，勿用。味甘，明目，下水臌氣脹，利胸膈，寬中解暑。大力丸用之。（蓮葉象震卦，荷上露或亦入肝而滋益肝臟歟。）」

到了夏季，藕節上又抽出花梗，稱為「茄」，稍高於葉柄。因為它的外皮具有臘質，所以穿過泥層後，仍保持潔淨。故宋代周敦頤在《愛蓮說》中，形容它「出淤泥而不染，濯清漣而不妖；中通外直，不蔓不枝」，並稱它為「花中之君子」。這些話後來用作比喻在混濁環境謀生的人，能潔身自愛，保持清白正直。花梗頂的蕾，逐漸開放，普通單瓣的，也有花瓣十七、八塊；有純白、粉紅、桃紅等色，朝開夜合，可持續三天之久。花瓣亦有藥療效用，服食可以駐顏。

蓮花在古時被用來形容女人的步姿，即所謂「蓮步姍姍」，源出南朝齊國的東昏侯，把金製的蓮花貼在宮室地上，囑其寵愛的潘妃在上面踏步，故有「步步生蓮花」之語。蓮花和佛教亦有密切關係，常常用作佛像的底座。所謂「蓮座」即佛座，而蓮經即《法華經》也。

蓮花綻開三、四天後，花瓣散落，留下一個倒圓錐形的大花托，這就是蓮蓬，內有子房多個，漸漸發育成為子實，就是蓮子（稱為「菂」）。蓮蓬亦可入藥，用以治婦女產後「血崩」。偶然有一枝花柄可出兩朵花，結成兩個相連的蓮蓬，稱為「並頭蓮」或「並蒂蓮」，文人用來比喻夫婦恩愛和好，與比翼鳥和連理枝的意義相似，它源出南北朝時期（公元 420 年─589 年）《青陽渡》：

　　「青荷蓋綠水，芙蓉披紅鮮。

　　下有並根藕，上生並目蓮。」

　　蓮子含有大量澱粉質、蛋白質和其他養份，營養價值很高，亦有藥療功效，中醫說它「益中氣、除百疾」。食用的方法頗多，可以煲湯、作菜餡和做小食。月餅餡的蓮蓉，就是用蓮子磨粉後加糖和油製成的。香港有「蓮子蓉口臉」的俗語，形容該人春風得意，滿臉笑容。蓮子亦常用作婚宴和薑酌筵席，以至家庭新春的甜品（糖

綠色的蓮心，稱為「薏」。

水），取其「連生貴子」的好意頭。

　　蓮子內有綠色的心（即胚及胚根），稱為「薏」，因其味苦，故又稱「苦薏」，食用蓮子前須將其挑除。不過，它亦可風乾作藥用，治產後渴、止霍亂、清心去熱，所以古詩有「食子心無棄，苦心生意存」之句。

　　蓮雖然可以用種子繁殖，但植後需較長時間才能成藕，故在農業生產，都是用藕塊插植於水浸的軟泥裏。

　　香港食用的蓮藕，多產自珠江三角洲的沖積田地。十八、九世紀時，廣州西郊的泮塘是著名的產地。製月餅的蓮蓉，則多產自湖南省洞庭湖四周，故稱為「湘蓮」。

註一　　蓮的學名中的屬名 *Nelumbo* 源自僧伽羅語（也稱錫蘭語），是斯里蘭卡的官
　　　　方語言之一，意指「蓮花」。而種名 *nucifera* 是指品種眾多。其英語名字是
　　　　Lotus，源自希臘文，意為「忘憂之果」。英語 Lotus eater 是指貪圖安逸的人、
　　　　Lotus land 則意為安樂窩。
註二　　「箬」是一種竹類，葉部較闊，可用以裹物。「峒」是廣西少數民族的村落。

5 泮塘五秀

　　蓮藕、馬蹄、慈姑、菱角和茭筍，是珠江三角洲著名的水生蔬果。昔日廣州城西郊泮塘一帶廣為栽種，故有「泮塘五秀」之稱。除供應附近的廣州、佛山等城市，亦大量運銷港澳。它們的加工製品，如糖蓮子、糖蓮藕，馬蹄粉、罐頭馬蹄等，更遠銷海外華人市場，可稱「遠近馳名」。

　　清初屈大均在《廣東新語・草・蓮菱》說：「廣州郊西，自浮丘以至西場，自龍津橋以至蜆涌，周迴廿餘里，多是池塘，故其地名曰半塘（後寫為泮塘）。土甚肥腴多膏物（因是沖積土），種蓮者十家而九⋯⋯凡種（蓮）藕之塘宜生水（流動的溪水），種菱（即菱角）亦然。菱畢收，則種茨菰（慈姑）。」介紹了該處地理環境及種植概況。

　　自二十世紀初開始，廣州市向四周擴展，泮塘發展為市區。不過，世代業此的農家亦逐漸遷移到珠江三角洲其他條件適合地區栽種，延續其專長，亦滿足各地民眾的需求。

　　「五秀」中的蓮藕已見於上文，茭筍另載於第13篇〈狀物喻人〉。本篇繼續介紹餘下三種水蔬，讓市民到街市購買食材，或於食肆點餐時，多一點認識。

蔬菜類

馬蹄（荸薺）

馬蹄（蹄讀作蒂），是大眾頗熟悉的食物，也是華南的特產，其食用方式甚多。作為果品，削皮去蒂後生食，肉爽汁甜。昔日港九街頭、戲院門前、離島渡輪上，小販用竹籤串起擺賣，光顧者眾。作為菜餚，主要做配料，如切片炒雲耳豬肉；切粒加入絞碎豬肉或牛肉同蒸，或與薏米、白果及腐竹煲豬肚湯；磨碎製馬蹄糕或糖水；與竹蔗、甘筍（紅蘿蔔）煲成清涼飲品；更可製成罐頭，運銷海外華人市場。

荸薺的植株像水草（照片提供：譚業成）

馬蹄是莎草科（荸薺屬）的多年生、簇狀水生草本，學名 *Eleocharis dulcis*。它原產於中國，廣泛栽種於長江以南各省，通常種植於水田。它的莖呈管狀，枝葉已退化，花穗聚於莖端，頗似筆頭。地下的球莖扁而圓，皮烏黑色，有點像芋頭，其頂有叢毛，所以《本草綱目》稱為「烏芋」^{（註一）}，此即其可食部份。另一方面，因鳧（音扶，即水鴨類）喜食它，故又稱「鳧茈」（茈音資，或寫作茨，意即水鴨喜食的薯類），其後變成同音的「荸薺」。荸薺最後成為植物書籍上的正式名稱（包括近年的《香港植物誌》）。不過，在浙江，當地人則稱之為「地栗」。在廣東，則稱為「馬蹄」，

荸薺的地下球莖

有人說是因為它的球莖像馬蹄而名，是望文生義。據農史學者調查研究後指出，馬蹄之名實源自廣西少數民族的語言——「古台語」matai 音譯，其意為「地下果」，與漢語地栗的意義相同。[註二]

本港食用的馬蹄，大部份從廣東輸入。二次大戰前後，新界低窪地區有少量種植。1950 年「韓戰」（「抗美援朝戰爭」）爆發，美國禁止中國內地產品進口。由於香港當時屬英國「管治」，故不在此限。自 1951 年開始，新界種植馬蹄的土地面積急增，利用本港出口證輸美，對當時新界農村經濟有短暫的裨益。數年後，美國禁令鬆弛，令本地馬蹄種植因無利可圖而停產。

據近年出版的《香港植物誌》所載，本港生長的荸薺屬植物共有 11 種，但它們的球莖均甚細小，無食用價值。

馬蹄在東歐及地中海地區亦有少量種植，英語稱為 Water chestnut（水栗）。不過，在香港的英語名稱是 Spike rush，據說是指其球莖頂端像短釘。

慈姑

　　昔日廣東人家庭於歲晚及節慶祭祖，除了用一隻肥美的熟雞，放在瓷盆中作為祭品外，旁邊多伴以幾個淡黃色，其頂具短蒂的小球果——慈姑。聽長輩說，慈姑象徵男嬰[註三]，以此奉神，祈求上天和祖先保祐，翌年家庭添丁。

　　慈姑，又作茨菰，是澤瀉科的多年生草本。它通常生長於亞熱帶的濕地，其植株在泥下發育成一群圓形的小塊根，此即其可食部份。明代李時珍在《本草綱目·果》說：「慈姑一根歲生十二子，如慈姑（生母或乳母）之乳諸子（授乳給兒女）。」所以便稱它為「慈姑」（慈愛的母親）。從這說法來看，昔日人們的家庭觀念，對作物命名也有影響。

　　慈姑的塊根在泥土中越冬後，初春長出新株，其葉有長柄，形狀多作三角形箭咀或戟狀。故此，它又有「箭塔草」和「剪刀草」等別名。其英語名字也作Arrow-head。而它的學名 *Sagittaria trifolia*，屬名與種名，在拉丁文中亦有相似意義（指箭頭的意思）。

慈姑的塊根供食用（照片提供：關心彥）

慈姑的主要食譜，是切成片狀以炆臘肉，或剁爛混碎肉煎成慈姑餅。它在本港很少栽種，街市售賣的均從廣東各地輸入，數量也不多。近年以它作祭祖的習俗已褪色，故更罕見。另一方面，由於它的葉形特別，故現今它常被移放入水池或水族箱作觀賞植物。

菱（菱角）

「菱」或作「菠」，是水生的果品，古代它又名「芰」（音技 Gei[6]）、「芰實」和「沙角」，在廣東則稱為「菱角」。李時珍在《本草綱目·果》解釋：「其葉支散，故字從支，其果角棱峭，故謂之菱，而俗稱呼菠角也。」

成熟的菱角殼黑肉白

在植物分類上，它屬菱科的一年生水生草本，學名 *Trapa bispinosa*。*Trapa* 源自拉丁文 *Calcitrapa*，是古代歐洲一種海戰的武器，它用鐵製成多角鉤狀，以撞擊敵方船隻外殼，其形狀與菱角果實相似。菱的根生長在淡水泥土中，全莖則在水中，其節間能隨水位升降而伸縮，把葉片托出水面。因莖頂部的節間緊縮，使葉片聚生成蓮座狀，稱為「菱盤」。葉片呈三角形或菱形，葉柄內部有膨大的氣囊，使葉浮於水上，莖節間都生「水下根」，以吸取養份和穩定植株。菱的花很細，白色，生於葉腋間，有幽香，受精後花莖向水平方向延伸，成為兩端尖及

向卜彎，皮呈紅或黑色的果實——菱角。據古書記載，菱有二角、三角及四角之分，以三角及四角者為「芰」，二角者為「菱」，後者即現今種植作食用的品種。故此，俗語有云：「柏花十字裂，菱角兩頭尖」，意指每種植物的器官均有其特點，是因遺傳和適應環境而形成。此外，古代稱銅鏡為「菱花鏡」或「菱鏡」，這是因為菱葉浮於水面形成六角形圖案，外形與六角形銅鏡相似之故。

菱的天然分佈區域是東南亞的溫帶及亞熱帶地區。原為野生，後因其果味微甘並含澱粉質，故栽種為果蔬和製澱粉。在中國，主要產區是江浙兩省的湖泊地區，而廣東省則長於河溪旁的濕地。它可用直播或分植兩種方法繁殖。

菱於春末開花，果實在初秋成熟，故昔日粵港澳習俗，都以菱角、花生、柿和沙田柚伴月餅，作為中秋節「拜月光」的食品。食用時剝去淡黑色的果殼，露出白色的肉，味頗清甜。作製粉用的則將果實長至深秋才收穫，果肉曬乾後去殼磨成粉，稱為「菱粉」，可製糕點。明、清兩代，遇災荒之年，更作充饑之主食。不過，據中醫界指出，菱角多食對健康無益，生食更易引起胃脹及傳播寄生蟲。

雖然香港並無菱角種植，但在 1960 年代前，港九街市，多有從內地入口的新鮮菱角出售。街頭亦有擺賣熟菱角作零食的小攤檔，光顧者頗眾。因此，坊間就創作了一首以菱角為主題，用《霍‧莫‧駱‧郭四老伯》為題的繞口令[註四]。

菱角車

中秋應節食品菱角，也可做成兒童的小玩意。取兩隻菱角，於

其中一隻垂直切開，另一隻完整的菱角則置於其上。以竹籤穿過固定，將繩子繫緊於已切開的菱角中露出的竹籤部份，並將繩子若干長度繞在竹籤上。玩法是手持已切開的菱角，用力拉動已繞起的繩子，上方的菱角便會如風車般飛快轉動。

註一　清代中葉吳其濬的《植物名實圖考長編》則疑烏芋即慈姑，但 1956 年的《廣州植物志》第 749 頁〈荸薺〉則指出，若以芋而冠以烏字取義，則慈姑誠非烏芋。因慈姑外皮及肉質均非烏黑，而是淡黃色。

註二　游修齡的〈農史研究和歷史語言及外來詞〉載於《農史研究文集》第 220 — 227 頁，中國農業出版社（北京），1999 年。

註三　慈姑的塊根形狀似男嬰的性器。昔日幼童沐浴時，父母多會囑咐：「記得洗淨你的咕（讀作鼓）咕（讀作姑）。」

註四　繞口令是漢語的一種語言遊戲，將聲母、韻母或聲調容易混同的字，組成反覆、重疊而拗口的字句，並一口氣急速唸出。在這首繞口令中，是以菱角的「角」字為韻母，聯同霍、莫、駱、郭四個姓氏而組成。角、霍、莫、駱、郭，在漢語「四聲」（平、上、去、入）中同為「入聲」。

「霍莫駱郭四老伯
　蹀到北角買菱角
　東蹀蹀　西蹀蹀
　買得菱角閣上剝
　剝菱角　吃菱角
　各剝角　各吃角
　菱角殼　堆滿牆角落
　絆倒了霍莫駱郭四老伯的腳
　刺破了霍莫駱郭四老伯的膊」

這首繞口令更被選載入當時本港小學三年級的國語課本中，作為教材。英語中也有繞口令，稱為「Tongue twister」，本書第 49 篇《椒的世界》就有例子。

6 雞頭**鴨腳**

　　中國幅員廣闊，民族眾多，故方言複雜。同一種植物，在不同地區、年代，名稱往往不同，弄成別名眾多，引起混亂。另一方面，古代書籍裏，有些植物的名稱，就其字形或表面意義，難以判定它是哪一種植物，具代表性的例子，就是「雞頭」與「鴨腳」。

雞頭

　　雞頭的正式名稱是「芡」（音儉）。它是睡蓮科的一年生草本，學名 *Euryale ferox*，與蓮是近親，多生長於池塘，其莖及葉皆有刺，葉大而圓，平貼水面，表青背紫，夏日莖端開花，結球形果實如粟

雞頭

雞頭米

毯。北魏·賈思勰《齊民要術·種芡法》：「雞頭，一名雁喙，即今芡子是也。由子形上花似雞冠，故名曰雞頭。」而宋代羅願《爾雅翼·釋草》：「芡，雞頭也。」後來，北方人稱之為「雞頭米」，亦稱「雞頭肉」或「雞頭實」。主要產於江南太湖周遭，以蘇州南塘一帶品質最佳，素有「南塘雞頭大塘藕」之美譽，當地人稱「水八仙」之一種（與茭筍、蓮藕、水芹、慈姑、荸薺（馬蹄）、蓴菜、菱等八種水生植物的可食部份），大多於中秋前後上市。蘇州人鍾愛雞頭肉，一般作為甜品，加上清香的桂花，金黃與嫩白相映成趣，滿足馥郁口感之外，看起來也賞心悅目。它也是清炒素齋的佐料，經常與鮮藕、嫩菱、荸薺一道下鍋，吃起來清爽可口。

鴨腳

至於鴨腳，則是銀杏樹的俗名，因其樹葉呈鴨掌狀，也指銀杏的果實——白果。明代《本草綱目·果·銀杏》解釋：「原生江南，葉似鴨掌，因名鴨腳。宋初始入貢（獻給皇帝享用），改呼銀杏（以示珍貴）。因其形似小杏而核色白也，今名白果。」（註一）

銀杏為全球現存種子植物中最古老的品種，廣植於中國中部、西部和日本。據記載，均由人工栽培，野生的未見。華南地區因氣候和暖，較少栽培，有的僅作為庭園觀賞。它多植於廟宇寺院之旁，因帶點宗教色彩，故較少斬伐其木材售賣，而它本身少受病蟲害的侵襲，也許就是這「孑遺植物」（即活化石的意思）得以保存至今的原因。

銀杏生長緩慢，人們在年青時把它種下，往往要到孫兒出世，

銀杏的葉形似鴨腳的蹼

才能見到它結果實，所以又有「公孫樹」的別名。在植物分類上，它屬銀杏科，學名 *Ginkgo biloba*，前者是日本語的音譯，後者是拉丁文，指其葉片裂開兩塊的形狀。

白果肉軟滑，滋味不錯，營養也豐富，可作食用，但有少許腥味又有麻醉性，關於這方面，《本草綱目》又說：「小苦微甘，性溫有小毒。多食令人臚（即腹部）脹。」以前民間為免小孩多吃，於是有「按歲吃粒」的說法，即年齡多少便吃多少粒。這樣限制多食的習俗，是有它的好處[註二]。此外，它亦可作藥用，據 1956 年《廣州植物誌》說：「亦供藥用，有溫肺益熱，定喘嗽，利小便等效；又油浸白果，對結核菌有抑制作用。」

銀杏的葉片厚實，形狀美麗，到了秋末葉黃，仍然滋潤豐澤，用作書籤，十分別致，亦有驅蠹蟲之效。又因其具銀杏內酯，可提煉為健康補劑，對延緩記憶力衰退有效，近年在歐美國家頗為流行。在日本，其葉亦用作肥料和殺蟲劑之用。

銀杏的木材，質柔軟，紋通直，不開裂，不反橋，色淡褐而有光澤，為大型建築和精美製作的良材，其碎材亦可作為圖章和工藝雕刻；在日本常用作漆器之原料。

香港因位於亞熱帶南緣，氣候條件不適宜銀杏生長，只偶有在庭園中種植。而一株原植於大埔康樂園內的銀杏樹，在 1972 年時已高達 20 米，但稍後該處於發展花園住宅區時被斬去。另一株則長在大埔樟樹灘附近的一所私人住宅旁。此外，尚有兩株生長於大埔滘自然保護區辦事處旁，為該處人員在 1960 年代所植。兩顆樹形狀正直，恰好一雌一雄，於 1980 年代末期開始結果。

香港人頭腦靈活，喜創新，利用白果的特性，創造了兩句歇後語：其一是「生白果」，意指一個腥夾悶的人[註三]。另一句是「食白果」，意即全無收穫。

<hr>

註一　南宋詩人楊萬里，有七言絕句詠此兩植物：「深灰淺火兩相遭，小苦微甘韻最高，未必雞頭如鴨腳，不好銀杏伴金桃。」

註二　2018 年 11 月 6 日，香港報章有一則本地新聞，題為：〈食 50 粒白果女子中毒〉。報導指出，衛生防護中心公布過去 5 年來首宗進食白果中毒個案。一名 38 歲女子在小販檔購買 50 — 60 粒炒白果，並全數進食，約 1.5 小時後感暈眩、頭痛及腹痛等，經求醫後出院，情況穩定。有醫生指出，白果芯含有影響神經系統的毒素，會引致抽筋，成人不可一次過進食超過 50 粒。衛生防護中心發言人解釋，一次過進食 10 — 50 粒經煮熟的白果，已可引致急性中毒；未成熟及未經煮熟的白果毒性更強。衛生署提醒，白果切忌生食，且只可小量進食。兒童、長者及身體欠佳者等，進食時須加倍留意。

註三　說一個人「腥夾悶」，就是說那人本身平平無奇，卻自以為是而對別人諸多要求。有關生白果的氣味，清代《廣群芳譜‧果》記載：「一枝結子百十，狀如小杏，經霜乃熟，色黃而氣臭。爛去肉取核為果。」

蔬菜類

7 說「五辛」

蔬菜除為人們提供營養，增加體力外，有些種類更有辟除腥味、促進食慾、刺激神經等功用。中國古代稱這類蔬菜為「辛」——辛辣之意。另有人則稱之為「葷」，意為臭菜。宗教人士（道家、佛家）更認為，這類氣味濃烈的蔬菜，修道者食後易起雜念，妨礙修持，故不宜進食。因此，舊日社會便產生了「五辛」（或「五葷」），這五種蔬菜就是薑、蔥、薤、蒜和韭[註一]。薑在本書前部已談過，現在讓我們討論後四者。恰巧的是，它們同屬百合科‧蔥屬的鱗莖類植物[註二]，學名 *Allium spp.* 拉丁文是蒜頭之意，其形狀和生長過程也大致相同。

蔥

蔥，又作葱，青色的意思，《爾雅》：「青謂之蔥」。《本草綱目‧菜》解釋：「蔥從悤，外直中空，有蔥通之象也。」它是簇狀的多年生草本。葉圓柱形，中空成管狀，高約與花莖相等，尾端尖銳。花莖短而厚，中空，高 30 — 50 厘米，中部稍膨大，白色的花在夏季開放。

蔥是一種很普遍的園圃栽培作物。在樓宇裏，將蔥頭插入花盆泥中也可栽種，而且四季生長不斷。它品種多，於世界各地的名

水蔥的植株及花朵
（照片提供：葉子林）

蔥全年都可種植
（照片提供：葉子林）

稱亦異。人們多用它作菜餚的配料，以提升氣味。宋代陶穀的《清異錄》說：「蔥和羹眾味，若藥劑必用甘草也，所以文言曰『和事草』。」又因諸餚均可用之，有「菜伯」之名。其地下莖——蔥白，能刺激神經，促進體內消化液的分泌。蔥油亦有殺菌作用。它的學名是 *Allium fistulosum*，後者指葉部圓而中空。原產地是亞洲中部高山地帶蔥嶺（即帕米爾高原），故以它的野生祖先而名。英語則作 Spring Onion 或 Welsh Onion。

薤（蕎頭）

薤，音械，廣東則稱為藠（蕎）頭或藠菜。其鱗莖簇生於一短的根莖上，卵狀矩圓形，長 3 — 4 厘米。葉基生，直立，半圓柱狀的線形，中空。花紫紅色，球狀鐘形，夏末秋初開放。

藠頭是廣東鄉間常見的冬、春兩季蔬菜，全株均可食。廣東人喜歡將葉的尾端剪掉，取其近根部白色部份食用，稱為「藠白」或「薤白」，很甜美，故俗語有：「韭之美在黃，薤之美在白」。其

鱗莖卵狀，大如指，廣東人喜浸漬於醋內，稱為「酸藠頭」，用作小食或佐膳。昔日，粵港澳街頭有小食——「酸薑藠」，小販將酸薑與酸藠頭串在一起售賣。後來變成一句廣州話歇後語：「當心你的酸薑藠」，即小心你的頭，勿碰撞。

酸藠頭用作小食或佐膳（照片提供：連晉熙）

　　藠的學名是 *Allium chinense*，指它原產於中國，外國人對它少認識，故無正式英語名字。不過，有人則稱之為 Chinese shallot。

蒜（蒜頭）

　　蒜又名大蒜。其鱗莖有小瓣 6 — 10 顆，全部包藏於膜質的鱗被內。葉扁平而長尖，花莖圓柱形，高出葉面。花淡紅色，其柄纖弱，夏季開放。

　　蒜為一頗重要的經濟作物。它的莖、葉、鱗莖（即蒜頭）皆有強烈氣味，通常取其莖葉以供蔬食。間中有不取莖葉只專育鱗莖或花莖，前者稱為「蒜頭」，專為香料之用。後者稱為「蒜弓」或「蒜心」，現今本港超市則標作「蒜苔」（Garlic Sprout），供蔬食。鱗莖切碎後，多用作炒蔬菜的配料（如蒜蓉豆苗），既能辟除腥味，

西蒜（照片提供：葉子林）

蒜頭、蒜子

亦可提味（如西餐的蒜蓉麵包）及促進消化功能，更可殺菌。此外，提煉出的蒜油亦有多種藥療功效。蒜的學名為 *Allium sativum*，種名 *sativum* 指其可作食用，英語作 Garlic。歐洲有些地區習俗，認為蒜頭有神力，故懸於門戶上面，可以驅鬼辟邪，最為人熟識的就是可驅逐「吸血殭屍」。作為蔬食，蒜有一缺點，就是食後其氣味會留在口腔一段時間，或經汗液排出，在社交場合引致不便。

韭

　　韭字的讀音、構造和意義都很巧妙。據東漢‧許慎《說文》解釋：「一（次）種（植）而久（收），故謂之韭（音久）。象形，在一之上，一，地也。」另一方面，北宋‧蘇頌《圖經本草》：「韭，舊不著所出州土，今處處有之。按許慎《說文解字》云：菜名，一種而久者，故謂之韭。故圃人種蒔，一歲而三四割之，其根不傷，至冬壅培之，先春而復生，信乎一種（種植一次）而久者也。」韭在第一次下種後，葉部長出地面，約高至 25 厘米，便可收割食用。留在泥土中的根部，隨即重新長出嫩葉，幾星期後便可再次收割，省卻重植工作。這種收穫方法，可連續幾年，故有「懶人菜」之別名。

　　韭的鱗莖圓柱形，生於根莖上，葉扁平，狹線形，長 15 — 30 厘米。花白色，夏季開放，結成倒心形蒴果，內藏種子。幼嫩的韭菜花及花柄亦可作蔬食，頗爽脆。

　　韭是亞洲原產。它雖然一年四季均可生長，但以初春長出者最佳。在古代，用韭以祭神，故《詩‧豳風》有「獻羔祭韭」之句，

韭菜葉質粗糙，食用者少（照片提供：葉子林）

韭菜用黑膠紙遮光，促使軟化和黃化成韭黃。（照片提供：杉山農場）

而民間亦有「春初早韭，冬末晚菘」的俗諺。[註三]

韭是中國栽培廣泛的蔬菜。在廣東，至品之上者是將老葉刈（音艾，即切割）去後，上覆以瓦筒或其他遮蓋物，使之不見陽光，待它到達相當高度後，除去遮蓋物，葉呈淺黃色，名曰「韭黃」，刈而上市，價錢倍於青韭。廣府食譜的雲吞麵及肉絲炒麵，必加入少許以提味及增「爽口感」。此外，其根和葉均有多種藥療功效，包括壯陽作用，故又有「起陽草」的俗名。

另一方面，韭菜的花莖自葉束中長出，纖維很高，又含大量胡蘿蔔素，廣東人用以清焯或配肉炒，成為菜餚。

由於種植歷史悠久，栽培方法奇特和食用普遍，它廣泛引用於古代文學作品中，如唐代杜甫的「夜雨剪春韭」、白居易的「秋韭花初白」等詩句，分別形容其收穫和開花期間的情景。[註四]

韭的學名是 *Allium tuberosum*，後者指其塊狀鱗莖，英語名字是 Chinese chives。

蔬菜類

51

五辛盤

「五辛」雖因其刺激性而被宗教人士列為不宜進食，但對基層民眾而言，卻是價廉物美的蔬菜。古代有人更集它們於一起，煮成「強力盆菜」，以慶新春。唐代陳藏器的《本草拾遺》：「歲朝食之，助發五臟氣，常食溫中，去惡氣，消食下氣。」而李時珍《本草綱目‧菜》亦記載了這事：「五辛菜，乃元旦立春，以蔥、蒜、韭、蓼、蒿、芥辛嫩之菜，雜和食之，取迎新之義，謂之五辛盤，杜甫詩所謂：『春日春盤細生菜』是矣。」

註一　據辭典解釋，「葷辛」之意義：蔬菜之氣味劇烈者，佛家戒食之。南宋‧普潤大師編《翻譯名義集‧什物》：「葷而非辛，阿魏是也。辛而非葷，薑芥是也，是葷復是辛，五辛是也，《梵網經》云，不得食五辛。言五辛者一蔥、二薤、三韭、四蒜、五興渠（繖形科多年生草本，原產於中亞，其莖的汁液乾燥後成為『阿魏』，可入藥，經濟價值頗高）。」現今世俗稱肉類也是「葷」，實非原意。另一方面，孔子有「不撤薑食」之說，意思就是他不避食薑，原因是「薑辣而不臭」。

註二　蔥、薤、蒜和韭，過去屬石蒜科。近年，植物分類學者將其併入百合科。

註三　羔是羔羊，菘是大白菜（黃芽白）。

註四　關於韭的收穫，古諺云：「日中不剪韭」，意思是說烈日當空時不宜割韭，收成時以下雨天為佳，即陸游詩句所說：「雨足韭頭白」。另一方面，杜甫詩云：「夜雨剪春韭」，是指用冒着夜雨剪來的春韭去款待舊友。句中所謂「剪春韭」，是指烹韭的方法，即手持韭菜末端，將另一端放入鹽水中煮，剪葉末端，然後投入冷水中，則其味清脆可口云。

8 芹菜與進學三寶

　　芹菜是歷史悠久的蔬菜，古代已廣泛種植於亞洲和歐洲。在中國，它原產於湖北省的蘄（音芹）州（今蘄春縣），故稱為「芹菜」。另一方面，湖北古稱楚，當地稱軟滑的菜為葵，所以芹菜又稱「楚葵」。此外，它喜生長於濕潤的泥土，春季開花時可摘取煮熟，或浸漬作食料，故又有「水英」之名。

　　芹菜是傘形花科的兩年生草本^{（註一）}。其莖直立，成叢狀分枝。分枝有數條明顯的槽紋及節。葉為羽狀複葉，卵形至矩圓形，其長柄與總軸通常擴大，小葉 2 — 3 對。花細小，白色，春季開放，全株有濃烈的香氣。現今廣泛栽培於全國。

　　清代《廣東新語·草·蓊》記載，昔日廣州西郊泮塘，盛產芹菜。它是與蓊菜（通菜）輪作，蓊菜在夏、秋兩季用竹排（浮田）種植。秋末水退，把竹排移走，在濕泥上種芹。充份利用其地，兼且兩者均品質良

唐芹

好，故當時有「南薙西芹，菜茹之珍」之語^(註二)。

在現代香港，菜農習慣將芹菜分為唐芹（本地）和西芹（歐西）兩類。唐芹的植株較矮，枝葉較幼，但味道較香濃，常用以伴炒肉片或蝦仁，或用作配料。西芹的味較淡，但枝葉較壯，可作沙律或主菜配料，或榨汁飲用。兩者的種植方法大同小異，均為冬、春季蔬菜。

芹菜的生長相對緩慢，苗期也接近兩個月，通常9月播種，翌年2—3月才可收成。不過，種植期間，芹菜的料理工作並不多，病蟲害亦少。西芹因常用作生食，其莖部如陽光照曬太多，促使其纖維化，進食時多渣，所以收成前兩、三星期，可用紙張包圍莖部，以減少粗化。此外，它亦可作藥用，搗汁服用可治小便出血或淋病等症。

進學三寶

中國人傳統注重兒女的教育，希望他們年幼時專心讀書。因此，在生活中對這方面特別注意和配合。在舊日社會，幼童首次入

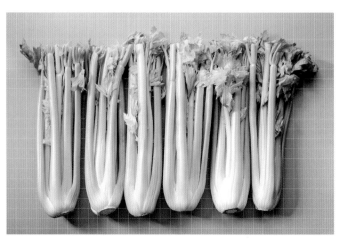

西芹

學時，要進行「進學禮」，除拜孔子圖像外，亦會給他們帶備三種蔬菜進學堂，包括諧音寓意良好的蔥（聰明）、芹菜（勤力）^(註三)和蒜（算術好），以祈求孩子都能做到這三項事情。有些地區，更用一塊煎熟的「薄罉」（以糯米粉製成），放在椅上讓學童坐着，意指會「黐實」屁股，坐定定讀書。這種習俗雖然在二十世紀已逐漸式微，但並沒有完全消失^(註四)。

現今香港社會，不少家長會採用直接的方法給子女「補腦」——進食營養食品如牛肉汁和雞精，以及由外國入口，經科學提煉的銀杏（即白果）葉和人參精，務求他們在學習過程中，贏在起跑線！

註一　近年的《香港植物誌》，將本地芹菜分為兩個品種：一為水芹（學名 *Oenanthe javanica*），另一為旱芹（*Cyclospermum leptophylla*）。

註二　原文：「廣州西郊，為南漢芳華苑地，故名西園。土沃美宜蔬……冬時去簹以種芹，而浮田不見矣。薤葉如柳而短小，其莖中空，性冷味甘，以城南大忠祠所產者為上。芹生冬春之交，得木氣先，長至四五尺，莖白而肥，以西園所產為上。」故稱為「西芹」，而薤菜則曰「南薤」。

註三　宋代羅願《爾雅翼·芹》引用東漢·許慎所説：「蓋始入學者，必釋奠於先師。」古代初入學時，就用包括芹菜等的菜蔬禮敬老師，而芹菜代表學子，藉此表示對老師的恭敬和學習的誠心，此稱為「釋菜禮」。此外，因為《詩經》有「泮水採芹」之説，後世遂以考中「秀才」（通過考試的人）稱為「採芹」。

註四　2021 年 5 月 23 日，本港一份報章刊登一篇由一位中學老師撰寫，題為《開筆禮憶舊》的短文，現節錄部份如下：「依稀記得德叔（該文作者的筆名）入幼稚園前，在家中的騎樓安排了一個「開筆禮」。大概是備有香燭向天（沒有神像），我則坐在矮桌和小木椅，桌上有毛筆墨盒、描紅簿和一紮紅紙包着綠色的植物之類。請來一位長者（據説是昔日村中學校的陸姓校長），説了一番話後便捉我的手拿毛筆在描紅簿上寫了「上大人孔乙己」等數字，向天作揖便禮成。問起同齡左右的同學，原來不是人人都有此經歷。有人則記得當天清晨他母親孭着他由深水埗搭船過海爬上荷李活道文武廟拜文昌帝君後，由廟祝主持開筆。在赤柱長大的同學，家中無人識字，便到街坊福利會找個書記為他開筆。」

9 忌諱和避諱

　　忌諱和避諱，是中國舊社會的傳統習俗。在科學知識較普及的今天，雖然已大為減退，但仍有部份流存於我們日常生活中。

　　「忌諱」，就是指人所避忌，而不願提及的人和事物，如個人的私隱、不祥的事物或名稱。遇到這種情形，通常是予以隱瞞、避免使用，或將其讀音、書寫方式改變。有時更以反義詞，把它掉轉過來，實行「化凶為吉」，這樣的做法就稱為「避諱」。例如，商舖租約期滿，客戶不續租，依合約須在指定日期前，將舖內所有物品搬清，「空舖」交回業主。為避免交空（凶），倒轉稱為「交吉」。

　　同樣地，記述曆法（每年的日、月、時辰）的通書，因「書」字會引起「輸」的聯想，故倒轉過來稱為「通勝」。在廣東人的食材裏，又因豬肝的「肝」與「乾」同音，「乾」有「水乾」（無錢）之意，不吉利，就改用相反的「潤」字，更進一步用「形聲相益」的造字原理，創造出字典裏原來沒有的「膶」字，可算是廣東人的「傑作」！同樣的還有稱絲瓜改為「勝瓜」、苦瓜改稱「涼瓜」等，將壞事變為好事，皆大歡喜！

　　避諱的習俗，源流長遠，在二千多年前的周朝開始出現。起初是為親者（家族內長輩）、賢者（對社會有貢獻的人，如孔子）和尊者（皇朝君主）而設，及後逐漸被封建皇朝訂立為一種「禮儀制

度」，臣民對皇帝的名字是不准按字直稱，要迴避。如需提及皇帝名字中之一個字時，就要想辦法來避諱。例如，皇帝的名字有「正」字，所有書本中的「正」字就要改為「政」或其他同音的字，或將它刪去一些筆畫。最為人熟悉的是正月的「正」字，因秦始皇本名嬴政，需避諱而讀成「徵」字。到了唐朝，對皇室的避諱更雷厲風行。唐太宗李世民朝代，雖然國家是尊崇佛教，但「觀世音」名字中的「世」字，也要刪去，改成「觀音」。看來，菩薩遇到皇帝，也要讓他三分！

據學者指出，從歷史發展軌道上來看，漢族人做君主的朝代，避諱制度的執行較為嚴格。到外族入主中原的朝代，如元朝的蒙古人，以及清朝的滿洲人，因他們對漢族文化認識較淺，處理一般

茄子

較寬鬆。到清代中葉，統治者為減少因避諱而引起的行政和其他麻煩，更主動地將有機會繼承皇位的皇室男子，選用較偏僻的漢字作為名字，例如清仁宗（嘉慶皇帝）名「顒琰」、宣宗（道光皇帝）名「旻寧」、文宗（咸豐皇帝）名「奕詝」、穆宗（同治皇帝）名「載淳」，以減少因避諱而引致民間的麻煩，也可算是滿清皇朝的一項「德政」吧！

前幾年，筆者在編寫有關香港農業的書籍時，讀到一些有關果蔬的避諱資料，現摘錄較顯著的幾則，與讀者分享。

茄

茄，又名「茄子」，廣東人稱「矮瓜」，是茄科的一年或多年生的小灌木，學名是 *Solanum melongena*，拉丁文意為卵形的茄子。葉呈卵形，花淡紫色，其果實有多種形狀：曲長柱形、梨形、圓形以至卵形。果皮滑而亮，多呈深紫色，亦有白色和青白色者。它原產於印度及中亞洲。約在二千年前經土蕃王朝傳入中國，故又有「崑崙瓜」的別名（崑崙山脈位於西藏）。其後廣泛種植於長江以南，氣候較溫和的省份。在廣東，它是夏、秋季茄類蔬菜之一（另外兩種是番茄和椒），其生長期較長，植株也較健壯。「魚香茄子煲」，就是著名粵式小菜。不過，在街市菜攤則多稱為矮瓜。

茄子之名轉變為矮瓜，是與忌諱有關。據南宋‧陸游《老學庵筆記》：五代（公元十世紀）時期，統治江浙地區的吳越開國君主錢鏐的眾多兒子中，有一個深得其心，可惜是個跛子（華北地區稱跛者為瘸子）。另一方面，其子皮膚亦多瘤腫。由於當時「茄」和

「瘸」、「瘤」和「榴」同為諧音，為了忌諱，吳越王將茄子改稱為「落蘇」，而安石榴則改為「金罌」。關於後者，清代《廣群芳譜·果譜·安石榴》稱：「安石榴……一名金罌，《筆衡》云：吳越王錢鏐改榴為金罌。一名金厖，《湧幢小品》云：杭越之間呼石榴為金厖，蓋避錢鏐諱也。」至於矮瓜一名，清代《廣東新語·草語·茄》：「廣州茄，有兩年宿根者，名為茄樹。詠者云：『種茄成樹子，歲歲矮瓜多。』茄一名矮瓜[註一]，產東莞者特圓，名荷包茄。」

胡瓜

胡瓜，即歐洲人所稱的 Cucumber，是葫蘆科的一年生攀懸狀草本瓜類，學名 *Cucumis sativus*。其瓜長形，外皮有小刺突起，皮青色，成熟時轉為黃色。它原產於印度及中亞洲。漢代時沿絲綢之路傳入中國，漢人以它來自胡人之地，故名胡瓜。

西晉末年（公元四世紀），五胡亂華，羯族人（又稱羯胡，原遊牧於現今中國山西省一帶）石勒佔有中原大部份，自立為皇，國號「後趙」。他厭惡被稱為胡人，於是下令將胡瓜改稱「黃瓜」。後來，其皇朝被另一外族

胡瓜（黃瓜，亦稱青瓜）

推翻，有部份地區復用胡瓜之名。現今中國植物及農業書籍，將胡瓜定作正名，黃瓜為別名。

除胡瓜外，很多以胡字為名的作物，例如香料植物「胡荽」，於石勒在位時期，亦改為「香荽」；「胡豆」（即蠶豆）改稱「國豆」；胡麻因可榨取油脂，改稱「脂麻」，後又雅化為同音的「芝麻」。

薯蕷

薯蕷是可作雜糧及蔬菜的作物。在昔日中原地區稱為「藷蕷」或「土薯」；在廣東，則稱「參薯」或「黎洞薯」。它是薯蕷科的多年生纏繞性藤本，學名 *Dioscorea alata*。其塊根很大，含大量澱粉質和多種維生素。昔日廣東鄉民多用作輔助糧食，城市居民則用來作菜餚（如臘肉炆參薯）。據北宋‧寇宗奭《本草衍義》稱：「按《本

薯蕷（大薯、參薯）

草》上一字犯英（宗）廟諱，下一字曰蕷，唐代宗名豫（李豫），故改下一字為藥，今人遂呼為山藥……」，於是，薯蕷先改為薯藥，之後又因宋英宗諱曙（趙曙）^{（註二）}，避諱改為「山藥」^{（註三）}，原名遂隱。

鳳仙花

鳳仙花又名指甲花及急性子，是鳳仙花科的一年生肉質草本，學名 *Impatiens balsamina*，為一栽培很廣的盆栽花卉，其花繁多，有紅、橙、白等顏色。果熟時略觸之，果瓣則急向內卷，將種子向四周彈出，故有「急性子」之名。根莖及種子均可供藥用^{（註四）}。李時珍在《本草綱目》說：「鳳仙花頭翅尾足俱具，翹然如鳳狀，故以名之。女人採其花及葉，包染指甲。其實如小桃，老則迸裂，故有『指甲花』、『急性子』諸名。宋光宗李后諱鳳，宮中呼為『好女兒花』。」

鳳仙花，其果稱為「急性子」。

總而言之，避諱之舉，是古代封建皇朝統治者，為樹立和維護其「尊嚴」而設立的制度。它不單增添百姓生活上的麻煩，對知識的傳播，也造成障礙。

註一　茄子的外文名稱亦多變。十八世紀，英國佔領印度初期，沿用當地梵文音譯的 Bringal（又作 Brinjal），其原意不明。茄子傳入歐洲及北美洲後，當地有些居民以有些變種茄子形狀如雞蛋，改稱為 Eggplant。在香港，港英政府早期年報有關農業部份，都沿用 Bringal，到 1960 年代才改用 Eggplant。另一方面，歐西國家的餐廳菜譜，則以法文 *Aubergine*（紫色，指瓜皮的顏色）作為名稱。

註二　中國舊日習俗，人在世時的名字稱「名」，死者的名字稱「諱」。英宗原名趙宗實，是濮王趙允讓之子，後來過繼給宋仁宗為嗣，被接入皇宮撫養，改名趙曙。

註三　山藥民間俗稱「懷山」，是因河南省懷慶縣所產品質最佳而名。不過，香港人誤以「懷」字為淮河的「淮」，以至任何產地的山藥都統稱為「淮山」，其實並不正確。

註四　鳳仙花學名中的 *Impatiens*，拉丁文的意思為「不耐煩」，就是反映果殼急促彈開的習性，與其「急性子」的別名切合。種名 *balsamina* 則是其舊名。鳳仙花的種子對烹飪亦有功用。李時珍在《本草綱目》說：「鳳仙子其性急速，故能透骨軟堅。庖人烹魚肉硬者，投數粒即易軟爛，是其驗也。」

10 竹與筍

中國人喜愛竹。中國也是世界上利用、培育和研究竹類最早的國家。北宋・蘇軾的詩句說：「寧可食無肉，不可居無竹，無肉令人瘦，無竹令人俗。」竹的全年常綠，代表永恆和持久；竹節空心卻能保持挺立，代表虛心正直，就算遭受狂風暴雨的沖擊，仍能屹立不倒，具有堅忍不拔的精神。所以，在中國文學中，竹與梅、蘭、菊被喻作「四君子」，也與松和梅號稱「歲寒三友」。

竹，《說文》：「冬生青草，象形，下垂箁箬也。」東晉・戴凱之《竹譜》云：「竹不剛不柔，非草非木。若謂竹是草，不應稱竹；今既稱竹，則非草可知矣。竹是一族之總名，一形之偏稱也。」

黃金間碧竹，觀賞價值高

明・李時珍《本草綱目・木》則稱之為「苞木」。在現代植物學分類，是禾本科、竹亞科諸種多年生植物的統稱。其種類甚多，大者高達 20 米，小者也有 1 米。稈部木質圓而直，亦有方者，中空有節。節外有籜鞘包裹，葉片多長形。花序頂生於具葉的枝上，但不常開，每隔數十年一次。《竹譜》又說：「笍必六十，復亦六年。竹六十年一易根，易根輒結實而枯死，其實落土復生，六年遂成。」笍（音宙 Zau[6]），竹謂死為笍。其地下莖發達，向橫伸展，每年所生之肉質芽，外有籜包裹，此即竹筍，筍逐漸長大，則籜解而長出新稈，這就是竹類繁殖的主要方式。筍嫩時可食，據經驗，略為彎曲的竹筍，食起來較挺直的好味。

竹的用途眾多，古代未有紙時，以竹簡（竹片）作書寫，稍後則用它的纖維造紙。竹筍可供食用，竹葉可包粽。成熟的竹稈可作建築用途和製造各種用具，如浮筏、農具、漁具、文具、傢具、樂器及工藝美術品，有些品種則種植作觀賞和美化環境。

竹類的原產地是亞洲，馬來語作 Mambo。歐洲人東來後，轉寫為 Bamboo。據 2011 年的《香港植物誌》英文版第四卷，在本港生長的竹類，共有 227 個品種，另有 17 個變種和 6 個栽培種。

竹筍

竹之嫩幹謂之「筍」，後人有將「筍」字寫成同音的「笋」，又名「竹萌」、「竹芽」、「竹胎」和「竹子」。北宋‧陸佃的《埤雅》云：「旬（意為十日）之內為筍，旬外為竹，故字從旬。」此外，僧人贊寧《筍譜》補充：「筍，一名萌，一名蒻，一名茁，皆會意也。」明代《本草綱目‧菜》解釋：「筍從竹旬，諧聲也。」英語則作 Bamboo shoot。

竹筍破土而出（照片提供：葉子林）

雖然大部份竹類的筍均可食用，但多是味道苦澀，難以入口。在中國，以毛竹類的筍最適合作餚，其中以浙江天目山一帶所產較好，春季出土者尤佳，通常稱為「春筍」，被稱為「春之菜王」。唐代詩人白居易，曾形容春季吃筍會吃得「每日遂加餐，經時不思肉」，可見其魅力非凡。

據本港飲食界人士說，與冬天出產的冬筍相比，春筍味道較甜，肉質較軟而易熟，拿來切絲爆炒、煲湯、涼拌或醬燒皆宜，但每年供應期只有兩個月。在本港，新鮮的春筍一般可在「外江」南貨店選購。春筍從浙江原產地只需三至四天運到香港，但其水份較多，存放時間不及冬筍長，買回家放三天便會變老變黑。不過，只要用報紙包好放入雪櫃，則可貯放多幾天。江浙人士烹煮竹筍的食譜很多，廣東人則多用作配料。昔日高檔粵式茶樓，在製作蝦餃、水餃及粉果，多加入少許筍粒，令入口較爽滑。故此，竹筍又被製成罐頭，運銷海外，使各地華人四季均可享用。

由於竹筍的保鮮期短暫，所以品質較次的竹筍，都用鹽湯煮後曬乾，保持微量水份，成為筍乾，運銷各地，全年可見，食用前用水浸發後才入饌。昔日，用筍乾、南乳燜半肥瘦豬肉，是粵港澳居民秋冬季家常菜式之一。

過去，有些廣東人認為竹筍帶毒，對以筍入饌的菜式有點抗拒。不過，中醫指出，雖然筍性微寒，少量進食無妨。而且，其纖維含量高，有通便之效。另一方面，西醫則認為竹筍容易致敏感，不宜多吃。

由於竹與人類生活關係密切，所以在漢語中衍生了頗多成語，

主要的包括：「竹報平安」、「青梅竹馬」、「胸有成竹」、「破竹之勢」和「罄竹難書」等。另一方面，因竹筍甜美可口，本港社會就產生了用「筍」字的形容詞，意為事物美好或貨品超值抵買。例如，某個住宅單位環境清靜，間格好、建築材料佳而價錢合理，就是「筍盤」，充份發揮香港人運用詞語的創意。

竹笙

必須指出，中式食譜有一種稱為「竹笙」的食材，與竹類並無親緣關係，在古代草本及農藝書籍亦未有記載。它其實是一類獨立的菌類生物門；例如「竹笙紅燒豆腐」。據本港菇菌類生物專家鄧銘澤（Alvin Tang）在《一菇一世界——菇菌趣味新知》指出[註一]，它是屬於一種隱花菌類，鬼筆科的「長裙竹蓀」，學名 *Phallus indusiatus*，其食用部份是菌裙和菌柄，狀如小塊的白色捲曲紗布。它亦有「竹參」、「面紗菌」和「竹姑娘」的俗名，英語則作 Bamboo fungus。

竹笙（蓀）產於雲南和廣西的山林地區，作為菜餚脆嫩爽口，鮮美滋味，古代用作「貢品」，清朝的「滿漢全席」中稱為「草八珍」之一。

註一　該書第 156 頁載有其彩色相片多張，顯示其生長各階段。

11 可食可賞的莧

蔬菜的生產是有季節性。位處亞熱帶的香港而言，秋冬季以葉類菜為主，春夏季則以瓜豆類居多，菜類則以蕹菜（通菜）和莧菜為主，前者已見於本書首篇，現在來談談後者。

莧是莧科的一年生直立草本，高 60 — 90 厘米。葉具長柄，形狀變異很大，由披針形至卵形，其顏色變化亦多，綠色、紫紅色或斑駁。花束無柄，聚生於每一葉腋內，為穗狀花序，在莖頂部的花序更長，夏末秋初開放，結成胞果，內有大量細小黃褐色或黑色有光澤的種子，內含頗多蛋白質與澱粉質。

莧科植物廣泛分佈於南北半球的溫帶和亞熱帶地區。在古代的墨西哥，它的種子是土著阿茲特克人（Aztec）的食糧之一，他們也用以敬神。十六世紀初，西班牙殖民者哥特士（Hernando Cortés）征服墨西哥後，為了鞏固其統治，下令禁止種植，違者要斬去手指，土著因而餓死者眾；經過一段長時間，才恢復種植，但規模已大不如前。

在中國，野莧的種子亦常被用作災荒充饑。明代初年（十五世紀），朱橚（明太祖朱元璋的第五子，封為周定王）主編的《救荒本草》，其中〈菜部·莧菜〉亦記錄了有關資料：「莧菜，本草有莧實，一名馬莧，一名莫實細莧，亦同一名人莧幽。」

到現代，莧因其葉的色彩多變，故在歐美各地也被栽培作觀賞，但在東南亞各地，則種植作蔬菜。在中國，更用以入藥，有明目、利大小便、去寒熱之效。紫莧則用以作麻布之染料。

「莧」字據宋代文字學者陸佃在《埤雅》解釋：「莧之莖葉皆高大而易見。故其字從『見』，指事也。」清代《廣群芳譜》卷十四〈蔬譜〉亦說：「莧從見，諧聲也。」在歐洲，拉丁文稱為 *Amaranth*，意為「不會褪色」（指其葉的色彩）。而現代植物學名亦採用為 *Amaranthus tricolor*（三色莧）。另有兩種本地野生莧：簕莧菜與野莧菜，仍分別稱為 Spiny Amaranth 和 Green Amaranth，食用價值低。

現今香港種植的莧菜，據葉的顏色分為「青莧」和「紫莧」兩種。青莧植株較矮細，葉淺綠色，質地較嫩，成長期較短，煮

青莧（照片提供：葉子林）

紅莧（照片提供：葉子林）

熟後汁液清白，故又稱「白莧」。紫莧植株較高大，葉面中央部份呈紫色或紅色斑紋，質地較粗糙，生長期較長，煮熟後汁液亦呈紫色。它通常在 4 月份開始用種子直播於泥牀上，幼苗漸長後，逐步疏拔，無須移植。如水份和肥料充足，生長迅速，有些品種在播種後約兩個月連根拔起上市；有些則留其莖枝，分期摘葉而食。據本地農友經驗，6 月和 7 月所產的品質最好，故昔日珠三角民間有「六月莧，當雞蛋；七月莧，金不換」的俗語。

除了上述的食用及觀賞的莧，廣東尚有兩種也稱為莧的植物，就是馬齒莧和馬屎莧。兩者種屬雖然不同，但「齒」和「屎」讀音很接近，故常引起混淆。

馬齒莧

馬齒莧是馬齒莧科的匍匐性一年生草本，學名 *Portulaca oleracea*，意為含乳汁的藥草，多生長於郊野荒地，夏季開花，但它其實不是莧。其形狀及大小有如農曆新年的小食——紅瓜子，故稱「瓜子菜」。莖部肉質水份多，雖帶微酸，但亦可作蔬食，葉有藥效能消褪痔瘡。明代王象晉的《群芳譜》稱：「葉對生，比並圓整如馬齒，故名。」昔日農民多用以飼豬，於是又稱「豬母菜」。另一方面，北宋《圖經衍義本草・卷四十二・菜部下品》：「又名五行草，以其葉青、梗赤、花黃、根白、子黑也」。在歐洲，它有一個變種，枝葉幼嫩，被栽培為蔬食，英語作 Purslane。

馬齒莧又名瓜子菜（照片提供：葉子林）

馬屎莧

馬屎莧是景天科的矮小一年或多年生的植物，學名是 *Sedum alfredii*，多野生，但分佈不廣，且經濟價值低，故罕見於書籍，其名曾列於 1993 年的《香港植物名錄》，不過，近年的《香港植物誌》已不載。

12 苦盡**甘來**

　　苦瓜是香港市民夏季常吃的瓜類蔬菜，在食肆一般叫做涼瓜。它在廣東各處均有種植，生長茂盛，故人們多以為它是土產瓜類，其實，它源於亞洲熱帶海島，直到元朝（十四世紀）才引入中國東南沿海地區^{（註一）}。

　　苦瓜傳入中國後，因種植地區不同，名稱各異，先後有「蒲突」、「錦荔枝」、「癩葡萄」、「苦瓜」、「君子菜」和「涼瓜」等名字，分別是以瓜皮的形狀、枝葉的特徵、瓜肉的味道和藥療功效等而產生的。

　　中國書籍最早記載苦瓜的，是元‧大德八年（公元 1304 年）成書的《南海志》^{（註二）}。該書卷七《物產‧菜》記有「蒲突」之名。明‧永樂元年（公元 1403 年）成書的《廣州府圖經志》載：「瓠（音蒲），即苦瓜也。其味清苦，夏秋間熟，土人用肉、蜆和煮之侑食（意為勸人進食）。」可知其時已為人開始食用。明、清之際，苦瓜在廣東又有新的雅稱——「君子菜」。清代《廣東新語‧草語》：「苦瓜，一名菩薘，一名君子菜。其味甚苦，然雜他物煮之，他物弗（不）苦。自苦而不以苦人，有君子之德焉。」同時「菩薘」之名亦改寫成「菩達」，並被引用於廣州兒歌《月光光》：「月光光，照地堂，年卅晚，摘檳榔。檳榔香，買子薑。子薑辣，買菩達。……」

苦瓜的生態和品種

苦瓜是葫蘆科一年生攀援性柔弱草本。莖多卷鬚，葉具柄，葉片約 5 — 7 片呈深裂狀。夏初開黃花，雌雄同株。果實紡錘形，長 10 — 20 厘米。外皮凹凸不平，顏色青綠，深淺因品種不同而異。成熟時瓜肉內的種子變成紅色。

苦瓜的學名 *Momordica charantia*，其屬名在拉丁文意為外皮有像被咬過而呈皺紋，種名則意義未名。英語則從中文直譯為 Bitter cucumber。

苦瓜傳入中國之初，多是形體短小的一種。明‧永樂四年（公元 1406 年），朱橚（明太祖第五子）主編的《救荒本草》，其中〈卷四‧錦荔枝〉：「又名癩葡萄，人家園籬邊多種之，苗引藤蔓，延附草木生。莖長七八尺，莖有毛澀，葉似野葡萄葉，而花又多，葉間生細絲蔓，開五瓣黃碗子花，結實如雞子（即雞卵）大，尖艄紋縐，狀似荔枝而大，生青熟黃，內有紅瓤味甜。」到明代中葉，已培育出狹長的品種。經過長期在不同自然環境栽培，以及人工交配，苦瓜現今變成多個形狀不同，皮色各異的變種：

（一） 雷公鑿——瓜身短、圓錐形、上圓下尖，皮深綠色，肉薄味苦；

（二） 本地苦瓜——瓜身較圓，肉刺大粒，皮色較綠，苦甘味深；

（三） 泰國苦瓜——肉刺不明顯，皮黃綠色，苦甘味不足，但清脆爽口；

（四） 台灣苦瓜——瓜身修長，肉刺不明顯，苦味不高，果肉厚；

（五） 哥斯拉苦瓜——肉刺密集、顯著，色澤光亮，皮深綠色；

（六） 白苦瓜——體型中等，果皮白色，苦澀味不足，瓜肉清脆。

苦瓜的枝葉茂盛，需用枝架生長

苦瓜的種植和有關的俗語

　　像大部份瓜類一樣，苦瓜在春季播種育苗後，才移植於田畝中。由於它們都是蔓生的柔弱藤本，需用竹木架支撐其成長。同時，因苦瓜的分枝能力特強，為防止它生長空間不足而「窒息」，需剪去過多的橫枝，令主莖發育良好。此外，因苦瓜的外皮較薄，容易受果蠅侵害，所以幼瓜需要用膠套保護，成本因而增加。近年，有菜農則用遮光膠套，令苦瓜長出淺綠色或白色的外皮，提高消費者嘗新意欲。

　　由於其瓜皮的形狀和瓜肉的氣味，苦瓜在廣州話衍生了一批俗語。主要的有如下：

　　「苦瓜噉樣」——形容人愁眉苦臉的樣子（「噉」是廣東俗字，音敢，像的意思），亦有作「苦瓜乾面孔」。

　　「白糖炒苦瓜」——白糖味甜，苦瓜味苦，兩者混炒，其味道又苦又甜，比喻夫妻或工作伙伴共事，有好處也有難處。

「苦瓜撈牛肉，越撈越縮」—— 是一句歇後語。撈，拌的意思，意即打工搵食；縮，縮水的意思。用苦瓜炒牛肉，苦瓜混和肉塊不停炒拌，結果體積越炒越縮。比喻人做生意或打工，越做越差。

　　「苦瓜炆鴨，苦過弟弟」—— 炆，即以慢火烹煮。「弟弟」，是象聲詞，也指鴨子叫的聲音。用苦瓜來炆鴨，令鴨也變苦了。這一句歇後語是指生活、工作等越見艱苦的意思。這裏的「弟」不讀 dai^6 而讀 di^4。

　　由於苦是負面字，華人多忌諱，於是改稱涼瓜，同時亦顯示它是清涼有益的食材。

註一　古代《本草經》及《名醫別錄》載有「苦瓟」一名。清·段玉裁《說文解字注》：「從瓜。夸聲。胡誤切。」瓟，讀音胡，虞韻，但粵音則作蒲。所指的是中國原產的葫蘆瓜，它與苦瓜親緣相近，但非同一種植物。
　　　　關於苦瓜的原產地，李時珍《本草綱目·菜之三》：「苦瓜，原出南番，今閩、廣皆種之。」近年，中國農業科學院出版的《中國蔬菜優良品種》認為，苦瓜原產地應為印度尼西亞（印尼）。

註二　元·大德八年（公元 1304），由陳大震編纂的《南海志》，原書已佚。直至 1991 年，廣州市地方志編纂委員會，從多方面搜集失散的資料，重編刊行，定名《元·大德南海志殘本》（附輯佚）。此書將苦瓜引入中國的年代，推前了一百多年。據此，苦瓜傳入中國，當在元代之前。在此以前，最早的記載就是明·朱橚主編的《救荒本草》。
　　　　而在編纂期間，在書中提及《菜》的一項，發現有「蒲突」之名。經考證，它意指瓜皮浮突，後來文人將其雅化為「菩達」。該書亦說，明、清兩代的南海（郡）是指：南海、番禺、東莞、增城、香山（今中山）、新會及清遠七個地方，即今珠三角地區。

13 狀物喻人

農作物的生長季節，均有一定的規律，大都是春生夏長，秋收冬藏。廣東有幾種蔬菜——芥菜、蔓菁、蘿蔔和茭筍^(註一)，都是在農曆十月先後進入成熟期，其部份器官組織發生變化。昔日廣州居民以其生長轉變特徵，創造了幾句有關的歇後語，用來比喻人們的心理狀態，或形容他們的行為。

芥菜

芥菜原稱芥。元代《王禎農書》說：「芥字從艸從介，取其氣之辛辣，而有剛介之性，故曰芥。」。它是一年生禿淨草本，其葉形修長，呈闊卵形，有皺紋，花淡黃色。在本地葉類蔬菜中，其重要性僅次於白菜（青菜）、菜心和芥蘭。

因栽培歷史悠久，種植地區廣闊，各地氣候和土壤不同，栽培的目的和技術各異，所以，芥菜在各地出現了很多變種，名稱也有分別，包括「葑」（《詩經》）、「蕪菁」（《名醫別錄》）、「蔓菁」（《唐本草》）、「諸葛菜」（《雲南記》），及「大頭菜」（《中國植物圖鑑》）。由於芥菜變種多，用途廣，古人對它推崇備至。除了南（朝）梁（公元六世紀）《千字文》：「果珍李奈，菜重芥薑」

外，更說芥（蔓菁）有「六利」，晉代郭義恭《廣志》列出：「可生啖，一也；葉舒，可煮食，二也；久居則隨以滋長，三也；棄去不惜，四也；回則易尋而采之，五也；冬有根可斸（音祝，意思是切取）食，六也。」

芥菜到了晚秋就在頂部抽起菜薹（花枝的主幹），廣州話叫做「起菜心」（或「起心」），此語帶雙關，用意是指年輕人對異性產生愛慕之心，也可以形容人對某事產生不良的意念。例如：「我睇你見到嗰個女仔就十月芥菜，起心咯。」（我看你見到那個女子就對她有點意思了），以及：「你睇佢好似好老實，其實係十月芥菜，起咗心喇。」（你看他好像是很老實的樣子，其實是要打歪主意呢）。

事實上，很多本地十字花科蔬菜，如白菜、芥蘭，也是在農曆十月起心的。但芥菜經加工後用途甚廣，如醃梅菜、浸鹹酸菜等，其種籽更可製成芥辣，除作調味品外，亦有食療效用，故以之作比

芥菜秋季「抽薹（音台）」開花，俗稱「起心」

喻。後來，又產生了另一俗語：「十月火歸臟，唔離芥菜湯」。意為由於秋末冬初天氣乾燥，人的「火氣」進入內臟，容易上火（即俗稱的火氣大或熱氣），而芥菜味甘苦且辛涼，中醫界認為有助清熱潤燥。所以，多喝芥菜湯，可以「降火」。

蔓菁（大頭菜）

　　經過人類長期的栽培，芥菜產生了多個變種，其中之一就是「蔓菁」。因為它的根部特別發達，形如球狀，所以又稱「大頭菜」。蔓菁是兩年生草本，呈塊狀根，有球形、扁球形及橢圓形多種。在中國，它既可鮮食，但部份都是加工醃製，成為可以貯藏的蔬菜。坊間所稱的大頭菜，就是以其脹大了的根莖部作食用，而梅菜（又稱梅乾菜），則以其葉部和葉柄加工製成。

　　在古代，大頭菜又有「諸葛菜」之名。其源起是三國時代（公元 220 — 280 年），西蜀統帥諸葛亮（孔明）率兵征戰南蠻。在四川南界屯兵休息，因糧草不足，故着士兵種大頭菜以作糧食，然後才入雲南。故此，它在現今四川和雲南一帶，又有「諸葛菜」之名。^(註二)

　　種植大頭菜的要訣，是選擇疏鬆的泥土（讓根部伸展），以及施放適量的肥料和充足水份。如果水份不足或

蔓菁（亦稱蕪菁及大頭菜，即英語的 Turnip）
（照片提供：漁農自然護理署）

逾時收割，其根莖內部會「起筋」，即質地老化，食用時多渣滓，因此，廣州話便有：「生骨大頭菜，種壞咗」的歇後語，意指被父母溺愛而寵壞了的孩子。句中的「骨」是指大頭菜的筋，而「種」諧音「縱」，就是放縱之意。

另一方面，廣東民間傳說，多吃大頭菜會令人生夢，故此，當別人有不切實際的幻想時，就被打趣「食多啲大頭菜」，以期在夢中實現其願望。

蘿蔔

蘿蔔，古代稱為「萊菔」，是專指其可食的根部。它在中國栽培的歷史悠久，分佈遍及全國，故其別名眾多，包括「紫花菘」、「雹葖」等，最特別的就是一年四季中，它每季的名字也不同。據元代《王禎農書》：「春日破地錐，夏日夏生，秋季蘿蔔，冬季土酥，謂其深白如酥也。」

蘿蔔是一年或二年生粗狀直立草本，其葉長而狹。花白色或青紫色，莢果長方形，有種子六粒。它的白色肉質根發達，呈長形，可生食或蔬食，又可醃漬、曬乾，以便貯藏（俗稱「菜脯」），是華南地區常見栽培蔬菜之一。由於栽培歷史悠久，它的肉質根亦有青色和淺紅色的變種，前者俗稱為「青蘿蔔」，後者為「櫻桃蘿蔔」。

蘿蔔播種生長後，其葉所製造的養料逐漸積聚在根部，形成了一條白色的瓜狀根，這便是作為蔬食的部份，它爽脆甘甜，日本人直接稱之為「大根」。

蔬菜類

青蘿蔔（照片提供：有心機農場）

蘿蔔（照片提供：葉子林）

蘿蔔（萊菔）有一種特別藥效，據唐代名醫孫思邈《千金方》指出：「生不可與地黃同食，令人髮白，為其澀營衛也。」此點北宋時確有實例，如南宋・王君玉《國老談苑》云：「寇準年三十餘，（宋）太宗欲大用，尚難其少。準知之，遂服地黃兼餌蘆菔以反之，未幾髭髮皓白。」寇準遂獲入閣，後拜相。不久契丹入侵，他說服宋真宗御駕親征，促成「澶淵之盟」，暫保北宋江山。

蘿蔔植株在生長時如水份不足，或成熟後逾時收穫，其根內部中軸會呈現花紋，向邊緣作放射狀，品質變差，進食時口感不佳（起渣），農民稱之「起了花心」。於是，粵港澳社會上就衍生了「花心蘿蔔」的俗語，比喻對愛情不專一的人，尤指男子。

茭筍

　　茭筍是多年生濕地草本，與禾稻是近親。古時稱為「菰」，意為可作蔬菜，或稱「茭」，意為可作家畜飼料。它長出的米粒較長，外表呈黑色，稱為「菰米」，是古代「六穀」之一。

　　「菰」原為野生，廣泛分佈於中國長江以南的湖泊及低濕地帶。秋天菰米成熟時，正是北方雁群南飛，經長江流域往華南越冬的季節，剛好以其穀粒作食料，故此它也有「雁膳」之別名。除雁隻外，很多其他雀鳥亦喜啄食，所以又有「鵰胡」之名（胡為菰之訛）。

茭筍的可食部份

菰米的稈部初長出泥土時，肥厚而呈黃白色，汁液甘甜，可作菜餚，廣東人以它長得「嫩如初春之竹筍，其色白如漢玉」，所以叫它做「茭筍」，江浙人則稱為「茭白」。

　　茭筍到生長後期，由於有一種「菰黑粉菌」侵入，其葉部組織發生化學變化，表面呈黑點，但味道無損。不過，人們仍然視之為病態，在廣州更產生了「十月茭筍——黑心」這句歇後語，以之比喻某人心地不良。例如說：「呢個人對批評過佢的朋友都要報復，真係十月茭筍，黑心呀！」

　　廣州市西郊泮塘，昔日盛產茭筍，稱為「泮塘五秀」之一。香港新界元朗的橫洲，二次大戰前亦有種植，土名「綽菜」。^(註三)

　　二次大戰後，茭筍已漸少為人食用，而「十月茭筍」這句俗語亦因此鮮為人知了。

註一　這四種蔬菜的中、英文名稱及學名如下（學名根據 2015 年的《香港植物誌》中文版第一卷）。

中文名稱（別名）	英文名稱	植物科屬	學名
芥菜	Mustard	十字花科	*Brassica juncea*
蔓菁 （蕪菁、大頭菜）	Turnip	十字花科	*Brassica rapa*
蘿蔔（萊菔）	Chinese Radish	十字花科	*Raphanus sativus*
茭筍（茭白）	Wild Rice, Indian Rice ^(註四)	禾本科	*Zizania candiciflora*

上述四種蔬菜學名中「屬」名，意義如下：

1. *Brassica* — 源自古代歐洲的凱爾特（Celtic）語 Brasica 蔬菜，拉丁文轉為 *Brassica*。

2. *Raphanus* — 源自希臘文，指其種子播下後，很短時間便發芽。

寫到這裏，想到一件往事。1995 年，筆者隨團遊粵北，宿於韶關，晚餐於
一間「農家菜」食肆，有一道「清炒蘿蔔苗」，頗為可口。回到香港，卻
未見街市有此菜苗出售。按蘿蔔的種子黑色細小，但播種後發芽便迅速生
長，兩、三個星期成苗便可作食材。其實，它只是中國傳統的（豆）芽菜
及歐西國家的「微菜苗」（Microgreens/baby leaves）培育方式的延續，唯
一的困難是需要大量種子，但十字花科蔬菜種子眾多，問題不難解決。面
對香港耕地短缺，人工高昂，新界農友或農業機構當可嘗試培植。如果成
功，除可拓展本港蔬菜種植範疇，亦可為市民添口福之利。至於栽培和售
賣方法，可參照北美洲的 Garden Cress 模式（本書第 16 篇〈西洋菜〉末段
亦有提及）。

3. *Zizania* — 拉丁文，意為水生植物。

註二　　　明代《雲南記》：「武侯南征，用此菜蒔於山中以濟軍食。」現今雲南大頭菜
頗有盛名，倒是諸葛亮在先提倡之功了！由於栽培歷史悠久，品種雜交後出
現的變種很多，現今廣東種植的芥蘭頭（*Brassica oleracea var. gongylodes*），
其形狀和食用與本種的很相似。

註三　　　綽菜之名，早見於西晉時代的《南方草木狀》（卷上）。本港已故本地旅行
家黃佩佳（筆名「江山故人」）在 1930 年代所著的《新界風土名勝大觀》（第
95 頁），則根據新界元朗農家口音記錄為「削菜」。

註四　　　除中國外，「菰」亦廣佈於北美洲中北部、美國與加拿大接壤處「五湖地
區」的沼澤地帶。昔日土著印第安人，每到秋季習慣駕小舟入沼澤採其穀粒
作食糧（其穀去殼後，米粒呈黑色）。故此，歐洲殖民者稱它做野米（Wild
Rice）或印第安米（Indian Rice）。不過，它在該處並未有發展為蔬食用途。
1980 年代，曾有農業公司試驗用人工種植，以生產「健康穀物」供應市場，
但因濕地使用機械困難，成效不佳而終止。

蔬菜類

14 香菜說羅勒

　　「香菜」和「香草」是指含有香辛氣味的植物，除供直接食用外，它亦可加入別種食材中，以辟除腥味，或一起烹煮以提升味道。在中國，除了土產的薑、芥、蔥、蒜等外，尚有多個外來香菜品種，其中較多為人知的，就是羅勒。

　　羅勒原產於印度，此名稱的原意不明。古代時，它從印度分東、西兩方向傳入中國，以及西亞和地中海地區。在中國，北魏（公元 386 — 534 年）賈思勰《齊民要術》卷三〈種蘭香〉，引（西漢）韋弘《賦敍》說：「羅勒者，生崑崙之丘，出西蠻之俗。」可知它傳入中國已有千多年。[註一] 該書又稱：「蘭香者，羅勒也；中國為石勒諱，故改，今人因以名焉。且蘭香之目，美於羅勒之名，故卽（同即）而用之。」

　　而本書第 9 篇〈忌諱和避諱〉，曾提及古代的中國北方少數民族，都仰慕漢族文化，他們佔據中原地區後，在生活及文化也仿傚漢人習俗。五胡亂華時代（公元四至五世紀），中國北方其中一個遊牧民族——羯族，其開國君主石勒入主中原，建立「後趙」皇朝，稱為「明帝」。他死後由侄兒石虎繼位。為避「勒」字之諱，石虎將羅勒改稱為「蘭香」，取其枝葉皆芳香之意。這種做法初時是合

84

適的，但後趙不久便覆亡，故羅勒之名得以留傳。

羅勒是唇形科的一年生草本，高 50 — 80 厘米。莖近四方形，多分枝。葉對生、近卵形，長約 3 — 4 厘米，其莖及葉均具香氣。白色小花生於枝頭，花序一輪一輪排列，有如塔狀，結成小堅果。它的幼株可作香菜食用，成長的枝葉可用以熏衣。

唐、宋之後，中國的經濟和文化重心南移，長江以南各省，栽培羅勒者漸多。由於各地氣候、土壤和居民生活習慣不同，它在各地衍生了多個不同名稱，包括「西王母菜」、「香花子」和「九層塔」。在廣東潮汕與福建漳州地區，則稱之為「金不換」。後來有不少閩廣人士旅居泰國，除語言外，亦影響了泰國的文化和生活習慣，而「金不換」亦是其一，不過，「九層塔」在眾多名字中較通行。

「九層塔」之名的由來，是因為它的花序，重疊如塔。「九」在中文裏常用來形容「數目眾多」。另一解釋是因為它開花時，花是以三個花頭長在莖上為一層，全株共長出八或九層，所以稱為「九層塔」。

羅勒的花束分層如塔

羅勒之名在中國與帝王有關，恰巧的是在歐洲亦然。其英文作 Basil，法文作 *Basilic*，均源自古希臘文 *Basilikón*，意即「皇家植物」。此外，基督教傳說，「真十字架」（True Cross）在聖地被發現時，為羅勒纏繞長於其上，令辛香菜與救贖之說聯繫起來。於是，現今很多英文食譜都把羅勒稱為 King of Herbs，法文則作 *Herbe royale*，以顯其貴。

在植物學分類上，將羅勒的學名定為 *Ocimum basilicum*，前者（屬名）是它的古希臘文「有香氣」，後者（種名）是指「有甜味的香菜」。

羅勒在歐美社會食用甚廣，故其變種很多。它是烹調意大利菜中不可或缺的配料，當中以青醬（Pesto）最為常見。除將其葉片加工製成醬料，為食品提味，乾燥後亦可沖茶飲用。在香港，近年流行的泰式或越式食品，羅勒也被廣泛採用，而新界亦有農場種植。

除食用外，羅勒也有藥療效用。據中醫指出，它內服可治風寒感冒、腸炎和腹瀉，搗爛可敷治蛇咬傷口。不過，作藥用時，多以「九層塔」為名。

註一　亦有說羅勒即中國古代所稱的「薰」，古人用以熏衣或乾燥後佩帶在身上作為香草。

15 胡蘿蔔

　　在本港街市的菜攤上，以及中、西式食肆的菜譜中，紅蘿蔔（或稱金筍和甘筍）是常見的根類蔬菜。不過，它和白蘿蔔並非同類，與竹筍也只是外形略似而已。它其實是外來作物，經過千多年在中國栽種，已歸化為本地蔬菜。

　　胡蘿蔔是傘形科的一年或二年生草本，其莖直立，多分枝，高約半米。葉具長柄，為二至三回羽狀複葉。花為繖形花序，生於一枝長枝之頂。春季開出矩圓形的白色小花，其根部在泥土中脹大，形似蘿蔔，但體積較細，外皮及內部均呈橙紅色，故俗稱「紅蘿蔔」。其肉質多汁，此即其可食部份。因為它來自「胡地」（外國），故稱「胡蘿蔔」。

　　據日本學者星川清親在《栽培植物的起源與傳播》說，它的第一起源中心地是中亞的喜馬拉雅山（The Himalayas）、興都庫什山嶺（Hindu Kush）地區，於十世紀從該處傳至西亞的安納托尼亞（Anatolia，今土耳其東部）。在該處，歐洲系的紅蘿蔔得到發展，成為第二個起源中心地。十二世紀，由西班牙人引入西歐。早期的紅蘿蔔，其根莖心部較硬，咀嚼不便。到十九世紀時，經法國農藝家選種和進行雜交，培育出全根莖均較疏軟可口的品種。此後，更傳至新大陸。

蔬菜類

據廣州農史學者楊寶霖近年考證[註一]，胡蘿蔔約於宋、元時代傳入中國。他引李時珍在《本草綱目・菜・胡蘿蔔》說：「元時始自胡地來，氣味微似蘿蔔，故名。」

胡蘿蔔何時傳入中國？元代維吾爾族人魯明善的《農桑衣食撮要》卷下載：「種胡蘿蔔，宜於伏內（夏季末期）畦種，或肥地漫種，頻澆灌，則肥大。」此書成於延祐元年（公元 1314 年）。天曆三年（公元 1330 年），食療專家忽思慧所撰《飲膳正要》，又記胡蘿蔔的藥用價值說：「胡蘿蔔性平，無毒，主下氣，調利腸胃。」既知道種植方法，又清楚其療效，當然不會在引種之初。另一方面，元代官修的《農桑輯要》卷五，已有胡蘿蔔種植之法。書中並有元朝初期名臣王磐於至元十年（公元 1273 年）所題的序言，惟當時元人尚未滅宋，則胡蘿蔔的傳入，應是宋代。

星川清親又在其書中說，胡蘿蔔是經雲南傳入華北地區，然後迅速普及華中地區和遼東一帶。關於胡蘿蔔的原產地，雖然其說法與李時珍所說「自胡地來」相合，但「經雲南傳入華北」之說，則無顯證。

至於楊寶霖認為中國西北及華中也是胡蘿蔔的原產地，他舉出下面兩則資料：

（一）「野胡蘿蔔，生荒野中，苗葉似家胡蘿蔔，但細小。葉間攛（音串，意為長出）生莖叉，梢頭開小白花，眾花攢開如傘蓋狀……。其根比家胡蘿蔔細小，味甘。」（明・朱橚《救荒本草》卷上）

（二）「（永樂八年三月）二十二日，次金剛阜，日暮，上

（按：指明成祖朱棣）坐帳殿前，令幼孜遠望，極目可千里，曠然無際。地生沙蔥，皮赤，氣辛臭。亦有沙蘆菔，根白色，大者徑寸，長二尺許，下支生小者如箸，氣味辛辣，微苦，食之作蘆菔氣。」（明·金幼孜《北征錄》）

朱橚是明太祖朱元璋第五子，封周王，就藩開封，主編《救荒本草》成書於永樂四年（公元 1406 年）。該書所記的野胡蘿蔔，當生於河南荒野。永樂八年（公元 1410 年）二月，明成祖（朱棣）親征韃靼首領本雅失里，侍講（官職名稱，主理文史修撰、編修與檢討，並為帝王講授文史經書）金幼孜從行，三月二十一日至壓虜川。壓虜川即唐之交河郡，故地在新疆吐魯蕃之西。金幼孜所記的野沙蘆菔，即野胡蘿蔔。

明代《本草綱目·菜·胡蘿蔔》云：「今北土、山東，多蒔之，淮楚亦有種者」。至於何時傳入廣東，頗難考證。如清·道光《廣東通志》（公元 1822 年），以至光緒《廣州府志》（公元 1879 年），書中有關物產的條目，都沒有胡蘿蔔之名。直至民國（1930 年）編的《續廣東通志》（未成稿），才有胡蘿蔔的詳細記載。廣東種植胡蘿蔔，大概不早於清末時期。

胡蘿蔔含多種維生素，營養豐富，味道甘甜可口，為中、西人士喜愛的根類蔬菜。它亦有藥療效用，李時珍在《本草綱目》稱：「（根入藥）下氣補中，利胸膈腸胃，安五臟，令人健食，有益無損。（種）子主治久痢。」

近年，本港新界亦有小型農場種植胡蘿蔔，泥土需選肥厚及疏水良好者，同時需用直播種子方式栽種，須注意疏苗，使植株有足

夠空間生長。不能用育苗移植，以免根部受損，引致發育不良。一般於 9 月播種，翌年 2 月收穫。其保鮮期效長，亦易於運輸和貯藏。

胡蘿蔔是傘形科一年或二年生草本，學名是 *Daucus carrota var. sativa*。*Daucus* 是它的希臘文名稱，*carrota* 是指紅色的根，*var.* 是變種，*sativa* 是指可食用。英語名稱 Carrot 則從 *Korota* 演變而來。它亦衍生了「Carrot and Stick」的英文成語，前者指利誘，後者指打擊和懲罰，全意是「軟硬兼施」，這詞語在權力鬥爭和外交角力中常用。

現今的中文植物學書籍，都以「胡蘿蔔」（金筍）為正式名稱，至於「紅蘿蔔」、「金笋」或「甘筍」，則多見於一般書籍及食譜中。

為了提醒人們不要把紅蘿蔔與（白）蘿蔔混淆，有人作了一首繞口令：

紅紅的紅紅蘿蔔又紅又白，

白白的白白蘿蔔又白又紅。

你是愛吃又紅又白的紅紅的紅紅蘿蔔，

還是愛吃又白又紅的白白的白白蘿蔔。

不過，讀完之後，可能令人感覺更加混亂，最佳的辨別方法，還是觀察實物。

註一　　楊寶霖〈廣東外來蔬菜考略〉，載於《自力齋文史農史論文選集》第 341 頁，廣東高等教育出版社（廣東東莞縣），1995 年。

蘿蔔、胡蘿蔔的根莖上端會突出地面（照片提供：葉子林）

16 西洋菜

　　金風送爽，盛產於珠江三角洲的秋冬時蔬——西洋菜，開始上市。喜愛飲湯的廣東人，正好利用它的清潤品質，配上些豬肉和生魚（蛇頭魚），文火熬成濃湯。有些人則用新鮮及曬乾的鴨腎、蜜棗和桂圓（曬乾的龍眼肉），煲成「西洋菜金銀腎湯」。喜歡清淡的則只加入少量肉片稍煮滾作清湯。此菜還可清炒和煮粥，及在隆冬吃火鍋（打邊爐）時，將它和茼蒿、生菜一起放入湯內滾熟食用。

　　西洋菜是十字花科、豆瓣菜屬的多年生匍匐性草本，學名 *Nasturtium officinale*。它喜生於清冷水中，莖橫臥或匍匐於水面，深水時則直立，多分枝，節節生根。葉為奇數羽狀複葉，小葉 1 — 4 對，矩圓形，頂端的一枚較大。花細小，白色，春夏間開花，有種子多顆。其莖和葉含豐富的維生素 A 和 C。

　　西洋菜原產於歐洲溫帶地區，但中東和亞洲北部也有野生者，是「多源性」植物。在歐洲，它多生在山溪流水中。公元二世紀的時候，希臘的書籍已有記載，稱它為 *Nasuetortus*，意思是「扭鼻」或「刺鼻」，指揉其新鮮枝葉時所發出的輕微辛辣味，這名稱後來用作它的學名中的屬名 *Nasturtium*。到中世紀的時候，在中歐各處水田栽種，用作生食及售賣，所以，其種名為 *officinale*，意即街市有

售，在英國叫做 Watercress。在中國北方也有野生於旱地或濕地，間中亦有人採食，稱為「豆瓣菜」或「水田芥」。由於對它的認識淺，所以在很長的一段時期內，處於野生狀態，未被食用。

　　十七世紀的時候，葡萄牙人將歐洲的栽培品種帶到澳門，在南環一處葡人的園圃種植。當時華人稱葡萄牙為「大西洋國」，遂稱它為「西洋菜」。起初，當地的華人並不喜歡進食這種蔬菜，後來有一個葡籍船員，隨船從歐洲往澳門途中，因患嚴重壞血病而被棄置於一個葡屬小島。在島上，他摘取一種水生植物充饑，經過一段時期，他竟然痊癒，稍後並獲路過的船隻援助送到澳門，據說那水生植物就是西洋菜。經科學分析，它具有藥療功效，於是，澳門的華人便開始食用此菜（註一）。然而，澳門本身耕地稀少，但它對海的灣仔及南屏一帶卻土地肥沃，水源充足，於是，該兩處鄉民便廣為種植供應。至今，南屏仍然是澳門著名的蔬菜供應區，故有「南屏

西洋菜（照片提供：葉子林）

收割西洋菜（照片提供：葉子林）

西洋菜，北山大芥菜，又甜又嫩又無渣」的讚語。當地農民以它有些像野生的蒪菜（廣東人稱之「葛菜」），所以又稱它做「水蒪菜」。

西洋菜的栽培，在十九世紀末，仍然局限於澳門附近地區。大約到二十世紀初，才分別傳入廣州和香港。據 1920 年代編印的（民國）《廣東通志稿・地略・物產》稱：「西洋菜，近二、三十年由外洋輸入廣東，不分辨其為何品種，只渾而言之西洋菜焉。」清・嘉慶十年（公元 1805 年），溫汝能編《龍山鄉誌》：「西洋菜，葉細，根柔軟，生海邊（按粵人稱江河為海），冬後斷而插入蓮盤中，尤為甘滑可口，宜拌肥肉作羹」。龍山，據稱即今日順德的一個大市鎮，也是最早期有關西洋菜的記載。[註二] 從上述按年份推算，西洋菜在廣州附近普遍栽種，當在二十世紀初。[註三]

在香港，由香樂思（G. A. C. Herklots）主編，於 1948 年刊行的《食物與花卉》（*Food and Flowers*）中一篇專文指出[註四]，西洋菜約在五十年前由幾個菜農在港島雞籠環（現址為華富邨附近）試種成功，稍

後在香港仔、黃泥涌以及九龍旺角種植，但規模細小。由此可知，此菜傳入香港，亦在二十世紀初。到 1930 年代，由一位陳姓菜農家族，開始在新界大規模種植。

為了適應它的生長條件，在香港種植西洋菜，通常選擇水源充足的地方。將田地耙好起畦後，在畦間擺放石塊或磚，以便利進行人力灌溉，栽種多選十月初，天氣開始轉涼的時候，在母株截取幼枝扦插，成活率很高。在水源不足的地方，每天要淋水多次，每週亦要施肥，大約經過四個星期，便可開始收穫。收穫的方式有兩種：一種是每次用人手摘取成長的枝葉，較幼的則留待下一次才摘。此法全年單位產量較高，但需較多人力。另一種是不分長幼，一次過用小刀割取，這種方法全年總產量較低，但所費人力較少，易於管理。每年約可割六次，收穫多在清晨進行，以避免日光蒸曬，保持產品新鮮。

西洋菜初期在市區邊緣種植，但淺水的菜地易滋生蚊蟲，除了擾人外，更會傳染瘧疾，影響市民居住環境。然而，噴灑殺蟲劑對菜地也有影響。為解決兩者間的矛盾和使市區擴展順利進行，政府惟有給予菜農補償搬遷。旺角的西洋菜街和通菜街，發展前就是種植西洋菜和蕹菜（通菜）的田地。

香港夏季的溫度高，原產自溫帶的西洋菜，在這段時期大部份都乾萎，所以，菜農需在田地另植一種矮小耐熱的毛草覆蓋地面，蔭蔽西洋菜的地下部份，兼可抑壓其他雜草生長，直至秋季菜莖重新發葉為止。不過，間中亦有部份植株，因炎夏高熱而枯死，需於秋季補植幼苗。位處大帽山南面山腰的川龍村，由於海拔較高，

北美洲超市裏售賣的獨行菜苗
（照片提供：關心彥）

氣溫較涼，而且整年有清涼的山水流注，所以，於該處種植的西洋菜能全年不斷生長，成為平原地區菜田補充植株的來源。1950 年代起，該處有多戶菜農專營此菜苗行業，使它成為「西洋菜之鄉」。

在歐洲和北美洲，有一種與西洋菜親緣很近，質地相同的細小蔬菜——北美獨行菜（Pepper Grass 或 Garden Cress，學名 *Lepidium virginicum*）。它通常用種子播於小盒中生長，發芽不久便在超市售賣，作沙律食用，當地華人叫它做「鬼佬芽菜」。此品種在本港有少量種植，其生長特徵載於《香港植物誌》中文版第一卷 377 頁。

註一　唐思：〈百年前西洋菜傳說〉，載於《澳門風物誌》188頁，澳門基金會出版，1994 年。

註二　溫汝能，清代學者，祖籍廣東順德龍山，曾應薦入京任內閣中書，編纂《粵東文海》，並著有《龍山鄉志》、《畫説》等。2022 年 1 月 14 日，《澳門日報》第 C07 版：新園地，其中一位作家程文在專欄《聲色點擊》中寫有：〈老火湯裏的西洋菜〉一文，提到溫氏及該志書內關於西洋菜的描述。

註三　楊寶霖：〈廣東外來蔬果考畧〉，載於《自力齋文史、農史論文選集》332頁，廣東高等教育出版社，1993 年。

註四　G. A. C. Herklots（香樂思）、LEE Shiu-ying（李少英）& CHAN Siu-yu（陳少禹）:*Watercress: History of Introduction and Chinese methods of Cultivation in Hong Kong*, "Food and Flowers", Bulletin issued by the Agricultural Department and the Gardens Department of the Hong Kong Government, 1948, pp. 15 — 20。

17 以聲為名的**芋**

　　芋頭與番薯，都是既可充饑，亦可作菜餚的作物。作糧食用的部份是根部（球莖），作蔬食的部份主要是葉部。兩者先後從外國傳入，芋頭原生長於印度與中南半島，很早已傳入中國的亞熱帶地區。經長期栽培，已經本地化，可算土產。番薯則在十六世紀由南美洲經亞洲「南洋」各國傳入。兩者雖然都能開花結子，但普遍採用無性方式繁殖。

　　芋又稱「芋頭」，是天南星科的多年生草本，學名 *Colocasia esculenta*（屬名 *Colocasia* 源自希臘文，指地中海一帶一種薯類植物；

芋頭

種名 *esculenta*，指可食的），球莖（地下莖）通常呈卵形，皮褐色，體積大小因品種而異。葉二、三片或更多，直接從球莖長出，具長柄，呈巨大盾形，長約 20 — 50 厘米，先端短尖。基部二裂片合生。花序柄通常單生，短於葉柄，佛燄苞長約 20 厘米，黃色，肉穗花序形，秋季綻放。它原產於印度和中南半島的森林地帶，再傳入中國，主要栽種於華南和西南各省，是當地少數民族的主要糧食作物。

據學者考證，中國的「中原」地區本無芋，所以，甲骨文並沒有「芋」字，而《詩經》中出現的「芋」字，也不是植物。最早期有關芋的可靠文獻為《史記·項羽本紀》：「今歲饑民貧，士卒食芋菽。」意即遇到荒年，士兵以芋頭和豆類充饑。項羽（楚霸王）的根據地在「楚」，即今湖北省，故該處當時應該已經種植芋頭。

「芋」的名稱由來，據東漢·許慎《説文》所載：「大葉，實根，駭人，故謂之芋。」意思是説中原人第一次見到芋的巨大葉子時，驚呼出「吁」的聲音，於是就稱這種植物為「芋」。宋代《爾雅翼》補充：「芋之大者，〈前漢書〉謂之『芋魁』，〈後漢書〉謂之『芋渠』。」至於「芋頭」之名，則源自江浙一帶。明代黃省曾《種芋法》：「吳郡所產大者謂之『芋頭』，（江蘇的）嘉定名之『博羅』，旁生小者謂之『芋你』。」在四川，芋又有「蹲鴟」（鴟音支，鷂鷹的一種）之名。《史記》卓文君云：「岷山之下，野有蹲鴟，至死不饑。註云，芋也，蓋芋魁之狀，若鴟之蹲坐故也。」意思就是巨形芋頭之形狀似蹲坐着的鷂鷹。

芋是熱帶和亞熱帶地區許多少數民族的主食，惟球莖含硝酸石灰的結晶，螫（音適，刺也）口不可生食，加熱煮熟後結晶分解，

則甚可口。昔日江浙民眾，尤喜煨芋頭作小食，故當時有詩云：「深夜一爐灰，渾家團欒坐；芋頭時正熟，天子不如我。」的確是寒夜上佳享受。

宋代以後，廣東地區種植芋逐漸普遍，各地育成的品種亦多。以種植的環境而言，可分為水、旱兩類：水芋蒔種於水田，其葉較大，葉柄粗壯，浸漬後可作「鹹餸」。旱芋則種於山坡地，但植前須深耕鬆土，以利球莖長大。此外，以球莖頂芽的色澤而分，就有「紅芽芋」和「白芽芋」；以球莖的肉色而名則有「檳榔芋」；另有以球莖子芽形狀而名的「狗爪芋」，更有以產地而名的「荔浦芋」（廣西荔浦縣所產）。

珠江三角洲是魚米之鄉，廣府人講究飲食，以芋為主的食譜繁多，包括：

菜餚：燜鴨、燒肉或臘肉。

點心：芋頭糕、炸芋角。

節日食品：炸芋蝦（春節小食）、水蒸芋頭仔（中秋節祭祀用）、芋頭月餅。

甜品：芋泥、嚤嚤渣渣（南洋華僑創製的糖水）、芋頭西米露等。

調味品：加工發酵成「南乳」（傳統上用芋頭、紅麴米和紹興酒製造），為粵式調味品，亦可作菜餚提味。

甜品當中，以潮汕地區的「芋泥」最具特色。其製作方法是將芋頭磨碎，拌以黃糖、豬油，絞成「芋泥」煮熟，成為香滑可口的「超級甜品」。不過，近年衛生當局提倡健康飲食，故芋泥中的糖

與油份量略減，令口感稍遜。

必須注意，芋頭不宜與香蕉同吃。由於香蕉屬於水果類，而芋頭屬於球莖類，都是含有纖維的「產氣食物」，應避免同一時間或大量食用，否則會引起腹脹。

由於芋頭是通行的食材，廣府人在生活中又創造了「生水芋頭」一句俗語。它原指煮熟後不腍（意即軟熟）的芋頭，被用以比喻傻裏傻氣、不機靈或行為不正常（「啷來啷去」）的人。

18 漫話番薯

　　廣州話有一句罵人的說話——「大番薯」，意指這人愚蠢，做事笨拙。它的起源可能是因為番薯是粗賤的作物，形狀凹凸不平如大塊頭。這個比喻其實不大公平，因為它對人類很有食用價值。多年來，筆者在農業書籍和中國古代方志中讀到幾篇有關它的文章，現將要點輯錄，與大家分享。

　　番薯是蔓狀草質藤本，學名 *Ipomoea batatas* [註一]。與莖葉均匍匐地面，葉作五指狀分裂或呈盾形。花如喇叭，紫紅色或白色，酷似牽牛花（Morning glory）和蕹菜。事實上，三者同屬旋花科、牽牛屬，是近親。最大的分別是，番薯的根部脹大，成為「塊根」（tuber），這就是作為食物的主要部份，它含豐富澱粉質與纖維，味甘，生熟食均可。

番薯變種多，其形狀、體積、表皮及肉質顏色各有不同。

番薯原產於中、南美洲的墨西哥和哥倫比亞，自古以來，是當地土著的糧食作物。1492年，哥倫布發現新大陸後，把它帶返歐洲，在地中海沿岸地帶種植，但成效不彰。另一方面，西班牙殖民者將它帶往菲律賓，而葡萄牙人則將它傳至印度、中南半島和爪哇群島栽培。由於氣候和水土適宜，繁殖容易，生長快，收成週期短，單位面積產量高，所以成為重要的糧食和飼料。明末徐光啟《農政全書》卷二十七〈樹藝·蓏（音裸）部·甘薯〉：「昔人云，『蔓菁有六利』；又云，『柿有七絕』。余續之以『甘藷十三勝』……」[註二]列舉它的多項優點。因為它的塊根形狀頗似馬鈴薯（Potato，即薯仔），但含糖份較高，所以，英國人把它稱為 Sweet potato。

　　番薯傳入中國，是在明代末期（十六世紀末），其路線有二。一是從呂宋（菲律賓）由水路傳入福建；二是從安南（越南）循陸路傳入廣東，兩者的過程均甚艱辛和具傳奇性。原因是當時呂宋和安南的統治者，以番薯自美洲引入不久，數量不多，較為珍貴，且具經濟價值，故禁止外傳，而華人則費盡心思，將它運入中國。

　　傳入福建的經過，以及其後繁殖的情形，《農政全書》（同上）又云：「藷有二種：其一名山藷，閩（福建）、廣（廣東）故有之；另一名番藷，則土人傳云：近年有人，在海外得此種。海外人，亦禁不令出境；此人取藷藤，絞入（船艇的）汲水繩中，遂得渡海。因此分種移植，略通閩廣之境也。……其味，則番藷甚甘，山藷為劣耳。蓋中土諸書所言藷者，皆山藷也。今番藷撲地傳生，枝葉極盛。若於高仰沙土，深耕厚壅，大旱則汲水灌之，無患不熟。閩廣人賴以救饑，其利甚大。」

但同時代，周亮工在《閩小記》（福建的一種地方志）記載的，稍有不同，該書卷下說：「中國人截取其蔓咫許，挾小盒中以來。」兩說中以後者較為可信，因藷藤在盒中保存較易。無論如何，兩說都反映了引種者的苦心。

將番藷傳入廣東省，是高州（今茂名）人林懷蘭。清‧光緒年代重修的《電白縣志》卷三十載：「相傳番藷出交趾（今越南北部），國人嚴禁，以種入中國者死罪。吳川人林懷蘭善醫，廣遊交州（越南北部），醫其關將有效，因薦醫國王之女，病亦良已。一日賜食熟番藷，林求食生者，懷半截而去，函辭，歸中國。過關，為關將所詰，林以實對，且求私縱焉。關將曰：『今日之事，我食君祿，縱之不忠，然感先生之德，背之不義。』遂赴水死。林乃歸，種遍於粵。」

後來，高州民眾為紀念林懷蘭傳入番藷之功，在當地建了一座小廟以祀，命名為「番藷林公廟」。

不過，廣東東莞縣民眾則說從安南引入番藷的，是該縣鳳岡人陳益，據（民國）《東莞縣志》卷十二〈物產‧藷〉一節所引《鳳岡陳氏族譜》卷七如下：

「萬曆庚辰（明‧萬曆八年，即 1580 年），客有泛舟之安南（今越南）者，公（按指陳益）偕往，比至，酋長延禮賓館，每宴會，輒饗土產曰藷者，味甘美。公覬其種，賄於酋奴，獲之。未幾伺間遁歸。首以夾物出境，麾兵追捕，會風急帆揚，追莫及。壬午（明‧萬曆十年，即 1582 年）夏，乃抵家焉。先是鄰蠹盧某武斷鄉曲，公嘗排擊其惡，盧衛之，闞公歸，摭其事，首白當道，時航海關防

嚴蕭，所司逮公下獄，定庵公（按指陳益長兄陳履，字德基，號定庵）方轉郎，聞報大駭，適同譜御史某奉命巡按東粵，詣訴狀。抵任，首摘釋之。初，公至自安南也，以藷非等閑物，栽植花塢，兔白日，實已蕃滋，掘唼益美，念來自酉，因名『蕃藷』云。嗣是種播天南，佐粒食，人無阻飢。」

從上文所述，番藷的傳入過程均很具傳奇性。而且，讀後亦深感中國古體文章簡潔之長處。

番藷傳入福建和廣東後，迅速傳植至長江以南各省份，成為稻米以外的重要雜糧。它耐旱，對土壤要求不高，山坡荒地隨處可種。繁殖多用無性方法，即在母株截取 5 — 8 厘米藷藤，或切取含根芽的藷粒，安插於土中，約 90 日後便可收成。除食用外，亦可釀酒、作小食（糖藷乾、煨番藷或番藷糖水）。此外，枝葉可飼豬，嫩芽可作菜餚，的確渾身是寶。經過長期栽培，品種變異很多，主要是紅皮、黃皮和白皮，肉質則有白心、黃心、紫心和花心等。番藷在中國的推廣，亦得力於明代徐光啟的《甘藷疏》及清代陳世元的《金薯傳習錄》。

據稱，番藷於 1582 年（明朝萬曆十年），由東莞人陳益從安南首先引入廣東。至萬曆二十一年（1593 年），福建長樂縣華僑陳振龍冒着生命危險將紅薯從呂宋帶回中國。時值福建饑荒，振龍就讓兒子陳經綸上呈《種薯傳授法則》予福建巡撫金學曾，並建議試種番薯，以解糧荒。數月後，試種成功，金氏遂通令各地如法栽種，大獲豐收，閩中饑荒得以緩解。而金氏在陳經綸所獻文本基礎上，寫成中國第一部薯類專著《海外新傳》。閩人感念金學曾之功，遂

將紅薯改名「金薯」；又因來自「番國」，故俗稱「番藷」。

及至清朝，陳振龍之五世孫陳世元於其著作《金薯傳習錄》中提到上述事情，並援引《採錄閩侯合志》：「按番藷種出海外呂宋。明萬曆年間閩人陳振龍貿易其地，得藤苗及栽種之法入中國。值閩中旱飢，振龍子經綸白於巡撫金學曾令試為種時，大有收穫，可充穀食之半。自是磽确（意指土地多沙石、堅硬瘠薄，不宜種植）之地遍行栽播。」「以得自番國故曰『番藷』。以金公始種之，故又曰『金薯』」。）

而徐光啟於萬曆三十六年（1608 年）撰成《甘藷疏》，可說是中國第一本關於甘藷種植和加工利用的專著。他更上奏朝廷，建議在各地推廣種植甘藷。天啟三年（1624 年），因魏忠賢專權，徐光啟遭讒劾去職。他回到上海，將積累多年的農業資料納入《農政全書》。更詳細記述了番藷的種植、貯藏、加工法，並提到育苗、分種、扦插、貯藏等技術。

清代中葉以後，中國沿海各省人口激增，耕地不足，加以天災人禍頻仍，稻米歉收之年，番藷成為救荒食糧，活人無數。抗日戰爭時期，不少中國人都嘗過「揥番藷」的日子。

番藷的名稱在中國曾引起混淆。按「藷」、「薯」兩字相通。中國自古便有一種作物稱為「甘藷」（藷更有寫作「蔗」），番薯傳入中國後，在各處均被誤稱為甘藷，無論在農業書籍上如此，就是中、小學教科書上亦如此。這種錯誤或由於英語名稱 Sweet potato 而起。查「甘蔗」一名最先見於西晉‧嵇含所著《南方草木狀》，該時美洲尚未為歐洲人發現，及至番薯傳入中國後，國人不察，以

心葉形番薯葉片（照片提供：葉子林）　　　　　　　裂葉形番薯葉片（照片提供：葉子林）

為是古籍上所稱的甘藷，實誤。此種誤名，以訛傳訛為時頗長。直
至二十世紀中期，經中國植物學家重訂為「番薯」。

　　二十一世紀初，香港特別行政區編著新的《香港植物誌》，依
照中國現今植物學界的共識，將「薯」字作為該類塊根作物的正式
中文名詞，包括參薯、薯莨、番薯和馬鈴薯（薯仔）等。

　　現今北美洲的餐飲業，番薯多用作主菜的配料。美國和加拿
大的華人自助餐廳，通常都有煎番薯塊供選擇。一般超級市場供應
的，多為紅皮品種，從中南美入口。必須指出，歐美地區出口的番
薯為保鮮，收穫後都噴上一層蠟質或顏色，故提議削皮後才煮食。

　　在廣東及港澳地區，番薯的塊根昔日除作雜糧及小食（煨番薯、
番薯乾、番薯糖水）外，其枝葉亦為農家割取，切碎煮熟作為「豬

溲」（豬隻的飼料），其嫩芽及新葉則作菜餚，但被視為「窮家菜」。不過，近年隨着人們的生活水平提高，肉食增加，薯苗逐漸變為健康食物。加上菜農改進栽培技術，生產幼嫩的枝葉，大受消費者的歡迎。薯苗可說是「飛上枝頭變鳳凰」了！

註一　*Ipomoea* 在希臘文中意為藤狀攀緣性植物，*batatas* 則是南美洲土語番薯的名稱。
註二　《農政全書》中該段原文：「昔人云，『蔓菁有六利』；又云，『柿有七絕』。余續之以『甘藷十三勝』：一畝收數十石，一也。色白味甘，于諸土種中，特為夐絕，二也。益人與薯蕷同功，三也。遍地傳生，剪莖作種，今歲一莖，次年便可種數百畝，四也。枝葉附地，隨節作根，風雨不能侵損，五也。可當米穀，凶歲不能災，六也。可充籩實，七也。可以釀酒，八也。乾久收藏，屑之旋作餅餌，勝用餳蜜，九也。生熟皆可食，十也。用地少而利多，易于灌溉，十一也。春夏下種，初冬收入，枝葉極盛，草薉不容，其間但須壅土，勿用耘鋤，無妨農功，十二也。根在深土，食苗至盡，尚能復生，蟲蝗無所奈何，十三也。」
按徐光啟是明代中葉與意大利天主教教士利馬竇一同把西方科學引入中國的主要人物。他是數學家、天文學家、水利學家和農學家。晚年（崇禎年代）更出任宰相，惜不久病死任內。他原籍江蘇上海市，「徐家滙」就是他的祖鄉。

蔬菜類

19 揚威海外的**枸杞**

　　在本港街市菜攤上，有一種幾乎全年都有供應，像帶葉樹枝的蔬菜，它就是枸杞。

　　枸杞是茄科的多年生常綠灌木，學名是 *Lycium chinense*。它的枝柔弱，有短刺，葉呈卵形，花紫色，果為長卵形，成熟時變為耀目的紅色。它原為中國北部和中部的野生灌木，馴化成栽培植物。現今華中及華南各省，以至世界很多溫帶地區都有種植。除葉部可作菜蔬外，其果實和根部都有用途。1956 年出版的《廣州植物誌》說：「葉供蔬食，通常用肉和雞蛋泡湯，味鮮甜，具有清熱之效。果實入藥，名枸杞子，含枸杞鹼（Betaine），為強壯劑，有間接強精之效，對消削病、糖尿病及肺結核的咳嗽、口渴有效，又為解熱消腫藥；根皮名『地骨皮』，為解熱止咳劑，對結核性之潮熱亦有效。」此外，其根和樹頭可作盆景，具觀賞價值。所以，枸杞可稱渾身是寶。

　　枸杞原稱「杞」，後來因有別於杞、杉、柳等植物，所以加上一個「枸」字。但李時珍在《本草綱目・木》則說：「枸杞二樹名，此物棘如枸之刺，莖如杞之條，（指它兼具兩種樹的特性）故兼名之。」它的別名很多，包括「甜菜」、「天精」、「卻老」和羊「乳」，

而叫作「地骨皮」、「地仙」是指其樹根可作藥用，至於叫「仙人杖」和「西王母杖」，則指其老幹可作手杖。

　　枸杞的利用，在華北各省著重於藥材的生產，杞子和根皮是重要的中藥，既有補血護肝的功能，亦有明目的好處。產地以陝西、甘肅和寧夏三省最著名。至於枝葉作蔬食，則以沿海各省較為普遍。正是這個緣故，枸杞便出現兩個變種：在北方作為藥材的，通常都生長在郊野山坡，呈小喬木形狀，枝有刺，葉細小，稱為「細葉枸杞」；而南方作蔬食的，都是栽植於園圃，為矮小灌木，枝上的刺細小或已退化，葉形闊大，質幼嫩，稱為「大葉枸杞」。

　　江浙兩省是中國東南沿海開發較早的地區，土地肥沃，當地人栽種枸杞葉當蔬食已有長久的歷史。上海人稱之為「枸杞頭」或「枸杞菜」。雖然有菜園裏種植出來的，但市場上售賣的，有些是從野生的枸杞樹上摘下來的嫩葉，所以稱為枸杞頭，是當地春夏之交有名的野菜之一。雖然街市有售，但人們總喜歡乘春天郊遊之便，自己動手去找。縱

枸杞經長期培育，由野生灌木變為蔬菜。
（照片提供：葉子林）

然採得的僅是一小撮，帶回家裏炒熟，吃起來總覺得別有滋味。

　　珠江三角洲是魚米之鄉，居民生活富裕。枸杞傳到廣東，經過農民培育和選種，葉質更為柔嫩。南（海）、番（禺）、順（德）幾縣，居民講究飲食，創造了幾種枸杞食譜，最普遍的是枸杞滾湯，其烹飪法是將葉從枝摘下，然後將枝束起，一同投入沸水中滾煮幾分鐘，取其甘味後將枝檢去，食用前加入豬肉片、雞蛋或鹹鴨蛋，亦有用豬膶（肝）作湯者，據稱它可明目。由於枸杞葉比其他蔬菜纖維較多，所以通常加入一些食油，以使其柔滑可口。此外，亦有用來煲粥，加豬紅（血）滾熟進食，亦頗可口，更有通大便的功效。

　　枸杞的栽培，由廣東的菜農傳入香港，更上一層樓。新界種植枸杞的地區，主要在元朗十八鄉和上水粉嶺。菜農選擇沙質壤土，用插枝方法繁殖，成活後適當灌溉和施用氮肥，使葉壯質嫩，迎合

新界元朗的枸杞田（照片提供：葉子林）

消費者的需求。在生長盛期，每兩、三週便收割一次，割後新枝從基部再發，故產量頗高，但根株需定期「台割」（沿根頸切去地上枝葉，重新發出枝葉）或重植，以保幼嫩品質。

1960 年代，不少新界原居民移居英國及西歐謀生，亦將枸杞蔬食的習慣帶去。多年前，筆者在倫敦華埠的瓜菜店，買到這種蔬食。據店東說，是當地華人菜農把它種植於園圃旁，作蔬食兼籬笆之用。收割後用紙箱包裝，運到英國各大城市供華人食用。雖然品質平平，但價錢頗貴。近年，北美洲華人聚居城市，如美國的紐約和三藩市，以及加拿大的多倫多和溫哥華，當地超級市場間中也有售賣本土種植的枸杞，但品質稍遜。除歐洲和北美外，南半球的新西蘭亦有栽種。1960 年代初期，筆者在該處北島的一個小城市理溫（Levin），亦見到華裔菜農種植供自食，品質亦不錯。不過，以蔬食的品質來說，香港新界所產的，可算是頂級。

鑑於枸杞子的藥療功效，近年，加拿大有商人投資在氣候較溫和的安大略省南端，設農場生產，收穫果子，用科學方法提煉成丸劑，商品名稱為 Gogi[註一]，作為營養補充品售賣，已初步打開市場。居住在加拿大的華裔，於回港、澳、台灣或中國內地探親時，多購入一、兩瓶作手信之用。枸杞子，可算是「榮歸故里」了！

註一　枸杞的學名是 *Lycium chinense*，屬名源自中亞一小國 Lycia，種名則代表中國所產。在香港，英國人稱之為 Matrimony vine，其起源不明，可能是因在某地區，將其帶紅色果實的枝條作婚禮上的裝飾物。至於 Gogi，則是枸杞普通話的音譯。

果品類

20 枇杷與琵琶

　　1950－70年代，每到春末，本港街市有一種外皮淡黃色而帶短毛，似小梨子的果實擺賣，其肉薄而味淡，未全熟時還帶點微酸，且果核肥大，故銷路不廣，它就是枇杷果。

　　枇杷是薔薇科的常綠果木，與桃、李是近親。它的葉長而大，果體橢圓，形狀有些像中國古代樂器琵琶，故以同音稱「枇杷」[註一]。它原產於中國的溫暖地帶，在中國栽培的歷史很久。西漢時司馬相如的《上林賦》已記載「上林苑已有枇杷十株」。唐代時，浙江和江蘇成爲主要產區，浙江塘栖者尤有盛名，並作爲貢品，宋代時傳入日本。因其花序被絨毛，故其拉丁文學名為 *Eriobotrya japonica*（*Erio*

枇杷的幼葉和老葉顏色不同（照片提供：葉子林）

即絨毛，*botrya* 是指像串狀的萄葡）。在廣東，它又有「盧橘」的別名，這可能是其果實甜中帶酸，有點像柑橘。北宋·蘇軾（東坡）被貶職廣東惠州時，就寫下了：「南村諸楊北村盧，白花青葉冬不枯」，以及：「羅浮山下四時春，盧橘楊梅次第新」的詩句。所說的「盧橘」，就是枇杷，據說是有一段歷史故事。[註二]而其英語名稱 Loquat，正是它的音譯。

從果樹栽種和收穫的角度來看，枇杷有兩個特點：第一，其果實在春末夏初成熟，比大部份果木早兩個月，所以，古人說它是：「秋萌、冬花、春實、夏熟，備四時之氣，他物無此類者。」第二，大多數果樹品種要用嫁接方法繁殖幼苗，以保存母株的優點，但枇杷只需用種子直播育苗即可。

不過，它的果皮柔軟，保鮮期短，不利運銷。昔日，江浙所產枇杷，以手提小竹筐盛載，出口來港，惟因交通阻延，上市時皮多斑點，賣相欠佳，故銷路不廣。1970 年代起，台灣在溫室栽培果肉較厚的改良品種，以硬紙匣包裝，銷路較好。近年，日本及以色列育成新品種，由於產銷方法改善、包裝精美，令枇杷躋身上價果品之列。

日本改良品種的枇杷

枇杷葉具藥療效用，可止咳化痰，昔日鄉民常採之，擦去絨毛切絲自用，1950年代，筆者曾見新界大埔墟的生草藥地檔有售。長久以來，中藥界用川貝、桔梗、杏仁、薄荷等藥材加入枇杷葉及蜂蜜，製成「川貝枇杷露」或「川貝枇杷膏」，頗受大眾歡迎（電視及電台廣告亦有云：「喉嚨痛，聲音啞，一樽搞掂晒！」）。

本港果品業者指出，冷藏枇杷果實會令其香甜味消失，食之無味。

琵琶

琵琶始於秦代或更早，是由西域（中亞洲、西亞洲）引入中國，經改良而成的一款彈撥弦樂器。它原作「批把」（從手），後漢‧劉熙《釋名‧釋樂器》稱：「馬上所鼓也，推手前曰批（外撥），引手卻曰把（內撥），因以為名也。」可知「批把」一辭，是從象聲詞到動詞，再成為名詞。後來因為它的外殼是用木造，所以將「批把」改寫成「枇杷」（從木）。再過一段時間，有人認為漢字中的樂器是應從

本地出產的枇杷（照片提供：葉子林）

玉（王）部的，如「琴」與「瑟」，故又將「枇杷」改為「琵琶」。在唐代的詩歌中，我們就讀到不少記述其歷史的故事或詩句，例如杜甫《詠懷古跡》，其中：「千古琵琶作胡語，分明怨恨曲中論。」不但見到出塞和番的王嬙（昭君）在沙漠帳篷中彈琵琶，還聽到曲調作胡語，無限的哀怨。又如王翰的《涼州詞》：「葡萄美酒夜光杯，欲飲琵琶馬上催；……中軍置酒飲歸客，胡琴琵琶與羌笛。」白居易的《琵琶行》，更把那位歌女的高超琴藝描寫得栩栩如生，令人看詞如聞其聲：「大弦嘈嘈如急雨，小弦竊竊如私語，嘈嘈切切錯雜彈，大珠小珠落玉盤……。」

據前人筆記，明清時代，一位有點才學的書生，見到有人把琵琶寫作枇杷，認為是用了別字，一時興起，便作詩取笑：「枇杷不是此琵琶，只為當年識字差。但使琵琶能結果，笙簫鼓笛盡開花。」^(註三) 他諷刺別人無學，卻不知王昭君抱的不是琵琶，而是枇杷！

註一　清‧康熙年代官修的《廣群芳譜‧果‧枇杷》：「枇杷高丈餘，易種，肥枝長葉，微似栗，大如驢耳，背有黃毛，形似琵琶，故名。」
註二　「南村諸楊北村盧，白花青葉冬不枯」出自《四月十一日初食荔枝》，是蘇軾於紹聖二年（1095 年），在惠州初食荔枝後所作。翌年，他又寫：「羅浮山下四時春，盧橘楊梅次第新」出自《惠州一絕》。
　　　關於盧橘之名，北宋詩僧惠洪的《冷齋夜話》（一本引述詩句並闡述當中理論的著作）卷一〈盧橘〉：「東坡詩曰：『客來茶罷渾無有，盧橘微黃尚帶酸。』張嘉甫曰：『盧橘何種果類？』答曰：『枇杷是矣』。又曰：『何以驗之？』答曰：『事見（司馬）相如賦。』嘉甫曰：『（史記‧列傳‧司馬相如列傳）「於是乎盧橘夏熟，黃甘橙楱，枇杷橪柿，樗奈厚樸。」盧橘果枇杷，則賦不應兩句重用。應劭註曰：「《伊尹書》曰：『（果之美者）箕山之東，青鳥之所，有盧橘，常夏熟。』」不據依之何也？』東坡笑曰：『意不欲耳。』」盧橘，是橘的其中一種。而盧為黑色，因其果色黑，故名，但在蘇東坡的詩中指枇杷。關於這一點，明代李時珍在《本草綱目卷三十‧果》指出，盧橘實指枇杷，並非芸香科的金橘。
註三　中國古代樂器，大部份都用禾本科植物如竹和蘆葦製成，故有此句。

21 古老的果木——柿

柿原產於中國、朝鮮半島和日本。在中國，其栽培歷史悠久，秦漢以前的經書，如《禮記》、《周禮》，都有提及。北魏（公元386—534年）賈思勰《齊民要術》，更有專項（卷十四）記述其栽培方法。柿在日本亦廣泛種植，稱為「加岐」（Kaki），更被選為「國果」。

柿，古作「枾」，音同，是柿科的落葉喬木，學名 *Diospyros kaki*。其根部很發達，樹冠圓頭狀，枝被褐色柔毛，葉呈卵狀橢圓，尾端漸尖，上面光滑，背有柔毛。花黃白色，夏季開放。果扁圓形或圓錐形，直徑3—8厘米，果皮薄，橙黃色至淡紅色。在天然情況下，它的果實在秋末葉落後，仍然留在樹上。有些品種，其果肉含收斂性汁液，未成熟時含澀味，難以入口，果熟後則澀味自動消失。果肉通常有4—8粒黑色扁形體積頗大的種子。

古人對柿很推重，說它有「七絕」，即七種優點。唐代段成式《酉陽雜俎》說：「俗謂柿有七絕，一多壽，二多陰，三無鳥巢，四無蟲蠹，五霜葉可翫（翫通玩），六嘉實，七落葉肥大，可以作書。」這就是說，柿樹的壽命很長，可存活多年。樹冠高大如傘，枝葉濃密多陰，但雀鳥卻不喜歡在柿樹上築巢，所以少染病虫害。而柿葉經霜就起變化，變得青紅斑駁，遠看如楓葉般可愛。柿的果

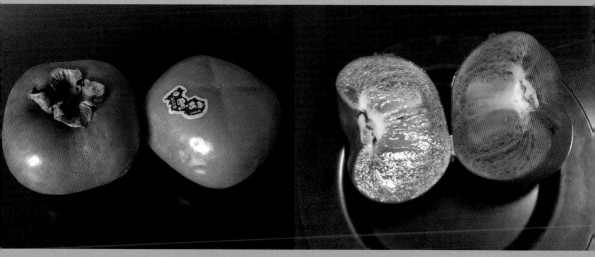
甜柿成熟時，肉質逐漸變軟

實大，味甜多汁，既可解渴，也可充饑，更可製成柿餅久藏，是昔日民間著名的有益小食^(註一)。最後一絕是柿葉厚大，落葉除作柴薪外，古人還用以代紙來練習書法。

據說，唐代首都長安廟宇多植柿樹，當中以慈恩寺尤多。當時的書畫名家鄭虔幼年住在附近，學書法卻苦無紙張可用，知道慈恩寺將柿葉堆滿柴房貯作燃料，於是每天往取若干來練字，日子既久，幾乎將那些柿葉都寫遍了，就是成語「柿葉學書」的出處。

由於其枝幹的生長特性和悠長的栽培歷史，柿樹在古代有兩則掌故：

（一）是其木紋呈現書法紋理。北宋·沈括《夢溪筆談》卷二十一記載：「木中有文，多是梣（柿）木。治平（北宋英宗趙曙的年號，即公元 1064 — 1067 年）初，杭州南新縣民家析梣（柿）木，中有「上天大國」四字，予親見之，書法絕類顏真卿，極有筆力，國字中間或字仍挑起作尖口，全是顏筆，知其非偽者，其橫畫即是

横理，斜畫即是斜理。其木直剖，偶當天字中分，而天字不破，上下兩畫并一腳皆橫挺出半指許，如木中之節，以兩木合之，如合契焉。」

（二）是因它曾救助落難的朱元璋，即明朝開國皇帝明太祖，後來被冊封為侯爵。載於明代的《在田錄》：「高皇微時，過剩柴村，已經二日不食矣。行漸伶仃，至一所，乃人家故園，垣缺樹凋，上（皇上）悲歎久之。緩步周視，東北隅有一樹霜柹（柿）正熟，上取食之，食十枚便飽，又惆悵久之而去。乙未夏，上拔采石，取太平（攻克采石、太平兩地），道經於此，樹猶在，上指樹以前事語左右，因下馬以赤袍加之，曰：『封爾為凌霜長者』，或曰『凌霜侯』。」

由於栽培歷史悠久，柿的品種很多，大致可分為生食果和加工果兩大類。另一方面，也可依照果實的味道和脫澀程度區分為甜柿和澀柿。甜柿類的果實在樹上自然脫澀，採收即可生食，此類品種在日本較多。澀柿類的果實必須經過人工脫澀過程後，才可食用，否則難以入口。中國境內所產的柿類多屬澀柿。

1956 年出版的《廣州植物誌》稱，廣州鄰近各縣亦盛產柿，品種也多，據調查不下十餘種，其中最著名的有「雞心肺」、「牛心柿」、「水柿」、「大紅柿」、「斯文傳」、「大八仙柿」、「細八仙柿」、「四方柿」、「曬柿」等名種。這些種類，非經人工處理去其澀質後不堪生食。其處理法有二：一為石灰水浸法，一為煙燻法。前者所得的成品，名叫「水柿」或「硬柿」，後者則叫「軟柿」或「稔柿」。石灰水浸法約需時 2 — 3 日，至多不過一星期便

可完成。水柿皮作金黃色，外被白粉，質堅而甜。煙燻法則將柿置於一大缸內，中央置一竹織的竹柱，柱內盛香而燃燒之，不過一、二日，柿即變為深紅色，質軟而成膠質，此即所稱為「軟柿」。煙燻法通常為人們所採用，倘數量少而供家庭之需的，有鄉民用一小缸，底鋪以一厚層新鮮的榕樹葉，置柿其上，再上鋪一厚層的榕樹葉，蓋起，約四日至一星期，柿即紅熟。

柿除供果品外，又可製成「柿漆」，供染魚網、漆雨傘（油紙遮）、雨帽和紙扇之用。其法：當柿未成熟而尚生青時摘下，以木椿搗爛，置於瓦罐裏面，加適量的水，不時攪動之，然後靜置約 20 日，將渣滓撈去，所剩無色的糖膠狀液再加某種冬青葉使之增加紅色後便可使用。

二次大戰後，日本將其「一個土產品種」改良，初熟時進食口感爽脆，熟透後則覺軟綿，並以原產地為名，稱為富裕柿或富有柿，搶佔不少國際市場。而韓國所產的改良果品繼之，令中國柿的銷量大減。

柿的英語名稱是 Persimmon，源自北美洲土著亞岡京（Algonquian）族土語，他們自古以柿為食料。1970 年代以色列，從日本引入富有柿，成功栽培後，用化學劑除澀，並出口外銷，命名為 Sharon Fruit，以紀念其立國英雄云。

中醫指出，由於柿與螃蟹同屬寒性食物，故不宜同時進吃，以免引起腹瀉。

註一　柿餅是昔日很受歡迎的廉價小食，對健康有益。其表面一層白色粉狀結晶體，稱為「柿霜」，它性味甘涼，對口腔和喉部有滋潤藥效。

22 葡萄、菩提子和葡萄牙

葡萄是我們常吃的水果。戰後初期,本港市面售賣的主要來自美國,稍後日本也有小量供應。近年,澳洲及南美等地所產大量銷港,品種眾多,價廉物美。

葡萄是葡萄科的落葉藤本,藉卷鬚附生於他物上。葉廣闊呈掌狀,春天開綠白色小花,結成串狀淺綠或紫紅色的,圓形或長圓形漿果。它原產於歐、亞兩洲交界的高加索(Caucasus)地區,稍後分別傳入歐洲和中西亞,最後遍及全球的溫帶地區。其栽培歷史超過 7,000 年,故品種和變種甚多,近代它主要分為兩大類:歐洲葡萄(學名 *Vitis vinifera*)和美洲葡萄(學名 *Vitis labrusca*),當中的屬名 *Vitis* 就是拉丁文的 *Vine*。除作為水果和果乾食用外,更大量用以

葡萄果實的形狀、大小、表皮顏色、酸甜度,各有不同。

釀酒，在世界很多地區成為重要的經濟作物。為方便採集果實，葡萄的植株多修剪成灌木狀或懸生於棚架。

　　葡萄傳入中國，始於西漢時代（公元前202—公元8年）。當時，張騫及多名使臣奉漢武帝之命，先後出使「西域」（今中國新疆及中亞各國），查探軍政及物產情報，並聯絡當地各部落民族，以夾擊匈奴。及後幾經艱苦才成功將它帶回中國。現今新疆維吾爾自治區的吐魯番，是最主要的葡萄產區，亦廣植於陝西和甘肅等地。

　　這種果木初傳入中國時，稱為「蒲桃」，是原產地波斯（今伊朗）語 Budawa 音譯[註一]。稍後因釀酒作飲料的流行，改為同音的「醋醄」（從「酉」，意即酒）。李時珍在《本草綱目·果》解釋：「《漢書》作蒲桃，可以造酒入醋，飲之則醄然而醉，故有是名。」後來，文字學者以它是藤本植物，故改為同音的葡萄（從「艸」，草部）。

　　棄「蒲桃」和「醋醄」，改為「葡萄」可能有另一原因，就是華南地區早已有一種稱為「蒲桃」的土產果木，它是桃金娘科的常綠小喬木，學名 *Syzygium jambos*。其果實大小像乒乓球，外皮呈淺黃色，果肉薄，內含灰黑色圓形種子一顆，成熟時與果肉分離，搖動果實時格格作響。不過，其果肉薄兼汁少味淡，嗜之者稀，故少種植。現今本港山嶺水溪旁，常有野生者，夏末秋初果熟，外皮轉淺黃色，行山人士偶然會採食以潤喉。

　　葡萄雖然是溫帶植物，但在本港也能生長結果，惟果細味酸，故只植作庭園遮蔭與觀賞。另一方面，本地亦有幾種野生葡萄，多生長於郊野密林中，但其果均不堪食。

蒲桃的花與果（照片提供：漁農自然護理署）

菩提子

　　把葡萄的果實稱為「葡提子」或「菩提子」，是廣州話的口語習慣。有些外省人則認為是錯誤，並指出中國早已有兩種外來引進的植物稱為「菩提子」，一種是東漢時代從交趾（今越南北部）引入的「薏苡米」（又名川穀）。另一種是六朝時代從印度引入的「菩提樹」果實[註二]。不過，中國著名農學家石聲漢認為，有關說法是有根據的。他在《農政全書校注》[註三]中指是根據古伊朗語「酒杯」（Batiaky）音譯。粵語系口語中，至今還保留着「菩提子」的名稱，「提」字正是 Tiak 的對音。《史記‧大宛傳》寫作「葡桃」（譯自 Budawa），是另一種寫法。

葡萄與葡萄牙

　　葡萄牙是歐洲西南部依比利亞（Eberia）半島的一個細小國家，與西班牙為鄰，人口不多，但擅長航海。十五至十六世紀時，因活躍於世界各海域探險和殖民而名揚。明朝末年，葡萄牙人到中國東南沿海，先侵擾香港的屯門（當時屬東莞縣轄），稍後更霸佔香山（今中山）縣的濠鏡澳為基地，稱為「澳門」。當時，中國人稱他們為佛朗機（Frangi）人。此名原是中世紀阿拉伯人對歐洲人的統稱，後來才有葡萄牙之名出現。但中國人覺得此名頗怪，更有人戲言，葡萄何以有牙？

　　在古希臘和羅馬時代，地理學家把葡萄牙和西班牙中部合稱為盧濟塔尼亞（Lusitania），是因古代盧濟塔人居於該地而名。葡萄牙人在其文學著作中也常把其國家叫做盧濟塔尼亞[註四]。公元十一世

紀，該國中部杜羅河（River Duoro）兩岸地區，歷史上被稱為葡萄卡來地區（Terra Portucalense），得名於葡萄卡來（Portucale）鎮，即今之波爾圖（Porto）市，這地區後來劃入葡萄牙疆域，而 Portugal 遂成為國名。

十六世紀，葡人東來。當時華南地區的中國人稱其國為大西洋國（以其地理位置而名），另有一些文獻則音譯 Portugal 為「蒲桃麗加」，據說是中國北方官話的音譯。

據多年前曾經在香港城市大學任客席教授的南京學者葛兆光指出[註五]，「葡萄牙」之名，是十九世紀到福建的基督教傳教士以閩南話譯成的。最先出現於他們所辦的中文雜誌《東西洋考每月記事傳》。其後，清代福建巡撫（即省長）主編的《瀛環志畧》，也採用此名，葡萄牙遂成為正式地理名稱。

筆者個人認為，傳教士的翻譯是有所據，因為上述波爾圖（Porto，或作 Oporto，O 在葡文是定冠詞，等於英文中的 The，故可省略）一帶，為著名的葡萄產區，而其港口則是該區所產葡萄酒的輸出港，故適用作該國之譯名（廣州話中的「砵酒」（Port Wine），亦源於此）。

基於上述，葡萄牙之名與葡萄也可算有點關係。

註一　資料來源：周振鶴、游汝傑：《方言與中國文化》第五章，上海人民出版社，1986 年。不過，亦有書籍説葡萄之名是源自印度梵文 Mrdu 的音譯。（元·汪大淵著，蘇繼廎校釋《島夷誌畧校釋》，中華書局（北京），1981 年，第 372 頁。）

註二　有關薏苡米與菩提樹及菩提子的資料，本書另有第 28 篇〈薏苡明珠〉及第 53 篇〈佛教聖木——菩提樹〉敍述。

註三　明·徐光啟撰，石聲漢校注《農政全書校注·卷三十·樹藝·果》，第 821 頁，上海古籍出版社，1979 年

註四　香港中環雪廠街的「西洋會所」，其外文名稱就是 Club Lusitano，是居港葡裔人士聚會之所。

註五　該短文載於 1990 年代本港的《明報》副刊專欄，題為〈葡萄與葡萄牙〉。葛兆光教授在文中對中國人翻譯外來事物名稱的態度和處理方法，有下列精闢見解：「中國是一個文化大國，對外來語音譯始終表示遲疑，總要盡量意譯，即使不得已用音譯，也要在『形』的方面作『歸化』工作，如使用同樣偏旁，以致令人誤會這些詞語是中國固有的，不但葡萄這樣，琵琶也是如此！」
另一方面，宋代羅願《爾雅翼》卷三〈釋草·燕支〉：「燕支本非中國所有，蓋出西方染粉，為婦人色謂為燕支……」，內容與此相似。
位於甘肅省的燕支山（又作焉支山），是祈連山脈的分支。該地產一種紅花，又名紅藍花的一年或二年生的菊科植物（學名 *Carthamus tinctorius*），古代為生息於該地的匈奴族婦女用以作染料及美容。西漢時，該地匈奴為漢將霍去病擊破西遁，因而悲歌曰：「亡我祈連山，使我六畜不蕃息。失我燕支山，使我婦女無顏色！」漢人其後將這種紅花帶入中原，加工為婦女面部化妝品，又沿用「燕支」之音，因產品施於肌膚，故從「月」（肉）部，寫作「胭脂」或「臙脂」，完成了這物產的「文字同化」工作。

23 石榴、安石榴和番石榴

　　現今在城市長大的年青人，對植物認識不多，連超市和果店的水果也不熟悉。市面有售的兩種水果，都以石榴為名，一種是安石榴，另一種是番石榴，但兩者的種屬、分類、原產地、生長形態、花果特徵和栽培歷史均不同。

安石榴

　　安石榴是安石榴科的常綠灌木或小喬木。葉呈橢圓形，花紅色，亦有白色者。花萼鐘形，果實略大過乒乓球，末端有宿存的花萼六片。果皮厚，成熟時轉為淺紅色並裂開，含大量種子，其外皮肉質可食，又可釀酒。在缺乏砂糖的古代，熬煮成濃稠果汁後可當作糖漿用於調味，樹皮和根皮則可製驅蟲劑。

安石榴的花朵與果實（照片提供：漁農自然護理署）

安石榴原產於中亞地區，後廣泛傳至全球溫帶和亞熱帶地區。據清代《廣群芳譜・花・石榴花》稱：「石榴一名丹若，本出塗林安石國，漢張騫使西域，得其種以歸，故名安石榴。」按塗林為梵文 *Darim*，意即「石榴」，而安石是指當時的安國和石國，即現今中亞烏茲別克斯坦（Uzbekistan）的古城布哈拉（Bukhara）與首都塔什干（Tashkent）。不過，有說安石兩字另有所指^{（註一）}。此外，在中國古代，以其果形狀似巨瘤，故又有「若榴」、「丹若」等別名，但「安石榴」最後成為書籍上的正式名稱，民間則簡稱為「石榴」。

安石榴傳入歐洲後，亦以果實特徵而名。英語中它作 Pomegranate，按 *Pome* 與 *granatum* 在拉丁文意為多種子之果。現代植物學也採用 *Punica granatum* 為學名。*Punica* 是古代地中海迦太基地區的一種蘋果。

安石榴傳至世界各地，對當地民俗也有廣泛影響。在中國，其

近年美國果農培育而成的巨型石榴

鮮果用作婚嫁的禮品，其輪廓作金銀飾物和刺繡的圖案，均取其多子的好意頭。在古埃及，它是陪葬品。穆斯林則認為進食它可以清除體內「垢積」。天主教／基督教聖經則以它代表強壯的生殖力。猶太人亦習慣以石榴作為建築物柱石的雕刻。

　　本地種植的安石榴，果實不大，食之者少。近年有美國培育之改良品種，果實比土產的大兩、三倍，惟銷路一般，相信是因果肉少而核多，進食時較麻煩。

　　安石榴除作為果樹外，亦常栽作觀賞用，因其花顏色鮮艷，變種多，花期長。它通常在初夏綻放，紅若「火齊」（即紅寶石），古代中國文人稱之為「榴火」，以它為題吟詠詩詞者眾。如唐代元稹《感石榴二十韻》：「綠葉裁煙翠，紅英動日華」；韓愈《榴花》：「五月榴花照眼明。」宋代王安石的《詠石榴花》：「濃綠萬枝紅一點，動人春色不須多」等佳句。

番石榴

　　在本地生長的植物中，以「番」字為名的有十多種。較著名的有番茄、番瓜（即南瓜）、番薯、番木瓜和番石榴。番字的意思是指它們是從外國（番邦）引入。

　　番石榴是桃金娘科的常綠小喬木，學名 *Psidium guajava*（希臘文中意為熱帶的石榴）樹皮幼時呈鱗片狀，脫落後幹部光滑，小枝四角形。葉呈橢圓形，有短柄，革質，對生，長 7 — 13 厘米，羽狀脈明顯，上凹下凸。每年五至八月開頗大的花，單生或 2 — 3 朵生於葉腋內，結成卵形或梨形的漿果，光滑的果皮未成熟時是綠色，

番石榴的花朵

成熟後呈淡黃色、粉紅色或胭脂色，果肉成濃漿狀，內含很多細粒的種子。因為它的外形也似石榴，所以稱為「番石榴」。

番石榴原產於中美洲墨西哥、秘魯一帶。在哥倫布發現新大陸前，它已傳至很多其他熱帶地區。因很多雀鳥愛啄食其果，於是果肉的種子便隨鳥糞四處散播，遇到適合的環境便繁殖生長，就像浪跡天涯的吉卜賽人（Gypsy），故有外國人稱它為「吉卜賽果」。

番石榴傳入中國的年代和路線，無確實記錄，但其名稱最早見於文獻中是明代的《南越筆記》。現今它在中國的廣東、廣西、福建和台灣均有野生和栽培的。

番石榴有多個別名。珠江三角洲的廣府人，因其腐爛的果肉有些像雞的糞便，且有臭味，所以叫它做「雞矢果」（雞屎果）。廣東、福建和台灣的客家人，則稱它為「拔子」。昔日香港和澳門的

番石榴堅實的枝幹與果實（照片提供：葉子林）

居民，因其果肉的特殊香味為婦女所喜愛，又戲稱為「女人狗肉」。此外，尚有「番稔」、「黃肚子」和「交趾桃」等土名。近年，泰國和台灣省培育而成，果實較大的則稱為「芭樂」及「帝王拔」。

　　番石榴含維生素 C 甚高，是柑橘類的三倍，所以營養師認為其汁液是良好的飲料。近年將其加工或榨成果汁出售，頗得消費者的喜愛。不過，中醫界指出，它有收斂作用，大量進食，會引致大便

秘結。

　　番石榴的樹幹木質堅硬，組織細密。在電動攪拌器廣泛應用前，香港家庭自製合桃糊、杏仁茶等甜品小食，都需將原料放入沙盆，用擂漿棍磨攪。番石榴的樹幹較硬，是用作擂漿棍的上佳材料。

　　客家人可能因為番石榴多生長於其居住的山區和丘陵地帶，所以喜用它作鄉村的名稱。新界沙田狗肚山（或作九肚山）北面，以前有客家小村名「拔子窩」（後雅稱「百子窩」），因昔日該處多此果樹生長。在牛潭山北面，則有一條客家小村落，亦以此果名「鈢樹塱」[註二]。在台灣則更普遍，如「拔子洞」（台東縣）、「拔仔林」（台南縣）和「拔雅林」（宜蘭縣）等十多個。

註一　　據北魏（公元386年—534年）賈思勰《齊民要術》稱：「凡植石榴者，須按僵石枯骨於根下，即花實繁茂。」故「安石」二字，又似乎是依據其生長特性而定的。

註二　　資料來源：黃垤華《香港山嶺志》，商務印書館（香港），2017年，第155頁。

24 甜蜜之源——甘蔗

　　糖是人類生活必需品，除為我們身體提供能量外，它也增加食物的滋味。人類最早食用的糖，是來自蜂蜜，後來才懂得從植物的莖或根部提取。在亞洲主要來源的是蔗（甘蔗），在歐洲則是甜菜（糖蘿蔔），前者的栽培歷史長遠，整體產量也較多。

甘蔗

　　古代名「諸蔗」或「竿蔗」，是多年生的禾本科植物（學名 *Saccharum officinarum*，古希臘文意為糖店），廣泛分佈於亞洲的熱帶和亞熱帶地區。它大約在公元一世紀由印度傳入中國南方。東

亞洲的食糖來源主要來自甘蔗

漢‧廣東人楊孚的《異物誌》（又稱《交州異物誌》）已有記錄。其稈直立、較其他草本高大和粗壯，表皮呈淺綠、淡黃或淡紫色，並披着白色蠟粉。全稈分成十多節，稈內肉質多汁（古稱「柘漿」，柘音借），成熟時含糖份，故長久以來，皆以之榨汁製糖。甘蔗在華南栽培的歷史已有千多年，西晉《南方草木狀》稱：「諸蔗，一曰甘蔗，交趾（廣東西部及越南北部）所生者，圍數寸，長丈餘，頗似竹，斷而食之甚甘，笮（壓榨）取其汁，曝數日成飴（音怡，即麥芽糖），入口消釋，彼人謂之石蜜。」

自清代開始，廣東珠江三角洲（包括香港），成為主要的甘蔗種植和加工地區。種蔗的田地，以沙質壤土為佳，低坡黃泥土亦可，但產量及品質則較遜，按其用途，可分為兩類：

（一）果蔗：稈粗大，皮青白色，故又稱「白蔗」，亦有呈青色或紫色。去皮後作水果食用，肉質疏鬆，汁多適口，但糖份不高，亦可榨汁作飲料。[註一]

（二）糖蔗：形態似蘆荻及幼竹，故又稱「荻蔗」或「竹蔗」。稈較果蔗細，皮青白色，肉質粗硬且汁液較少，甚少作生食，惟含糖份高，故多用以製糖。

清‧嘉慶《新安縣志‧物產‧果》稱：「蔗有二種，曰白蔗、曰竹蔗，而邑中惟竹蔗。長丈餘頗似竹，有正本（主株），有庶本（旁株）。斜而種之，多庶出（從老株旁出新芽），庶尤甘，冬時榨汁煮煉成糖，其濁而黑者曰黑片糖，清而黃者曰黃片糖，其白而細者曰白沙糖。」

清初屈大均《廣東新語‧草語‧蔗》說：「糖之利甚溥（音

普，大也），粵人開糖房者，多以致富。蓋番禺、東莞、增城糖居十之四，陽春糖居十之六，而蔗田幾與禾田等矣。」由此可知，竹蔗種植和加工，在清初的東莞縣（轄現今香港和深圳），相當重要。1898 年，港英政府接管新界時，《駱克報告書·物產》說：「禾稻是主要作物……還有大片土地用來種植甘蔗、靛青……」，可證。

甘蔗通常是用插枝方法繁殖，每年初春，截取老株稈的下半部，切成約 30 厘米長的短截，每截以有兩個芽苞為準，稱為「根蘖（音孽，意指植物近根處長出的分枝）」或「截根苗」（Ratooner），斜放入已整理過的淺泥溝中，然後培以薄土。約兩至三星期新芽出土後，在兩旁再培土，其後逐步加厚並施肥，使蔗株根深而稈直立，不易「倒伏」（被風吹倒），此為「正株」。正株稍後在根部分蘖，長出多枝旁株（庶株），它們雖然後出，但比正株發育更壯。

生長期間，按需要分期施豆麩等有機肥料，同時除草，並將庶株的籜（音托，鞘殼）剝去以利繼續成長。關於這種生長特點，李時珍《本草綱目·果》解釋：「……凡草皆正生嫡出，惟蔗側種，根上蔗出，故字從庶也。……（關於蔗的讀音）《離騷》、《漢書》皆作柘字，通用也。」按東漢·許慎《說文》曰：「蓋蔗音之轉音也。」由此可知，古人造字和借音是有道理和根據的。

到秋季植株長成，糖份自下而上逐漸積累，初冬便可開始收割。全部收割完成後翻土，翌春重新種植。在節省勞動力的情況下，亦可將收割後的原株根部留在泥土下，翌春老根長出新株，省卻重植工序，這種方法稱為「宿根」（Ratooning），但所產的蔗株質與量均較次，最多兩年必須重植。

初冬開始收穫，先將斬下的蔗株切尾（頂部葉片），去籜以及用刀將蔗頭的鬚根削去，然後捆紮成束，用牛車運往村旁的糖寮（用竹桿與禾草搭成的簡陋工場），進行榨汁和煉糖，使用的工具主要是「糖絞」與爐。糖絞（又稱糖車）是用兩個同樣大小，具有12個齒凹，並鑲有硬木方塊的圓形石塊合成，用小石柱穿心，上裝木板，固定在地基上，其頂配有曲形擔桿，連接「牛軛」。操作時用牛隻拉動，石絞向內轉動，操作者將蔗枝插放於兩石之間，榨出的蔗汁由管道流入木桶，然後倒入裝於爐灶上的大鐵鍋熬煮。蔗汁煮成黏液狀後，加入石灰以中和有機酸，並藉沉澱物將雜質吸附及除去，經初步過濾後，然後倒入木桶，用木棒不停地攪動，再用陶製瓦窩過濾，冷卻後的糖漿凝成結晶狀，在底部的是黃糖，在頂層的

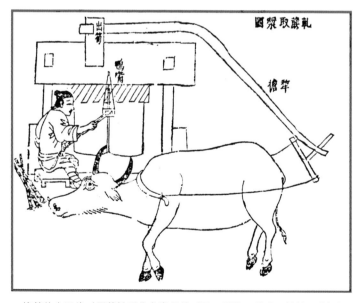

榨蔗的大石絞（原載於明代宋應星的《天工開物‧甘嗜‧軋蔗取漿》）

是白砂糖。榨乾後的蔗稈，可用作牲畜飼料或煉糖的燃料。

製造冰糖的方法，是將白砂糖加熱溶化，用雞蛋白澄清，撇去面上浮渣，適當控制火候。將新鮮青竹破成 4 厘米長的篾片，撒入其中。經過一夜，就成了像天然冰塊那樣的「冰糖」。

在大面積的蔗區，農民會將蔗枝運交糖坊（榨蔗煉糖的工場），集中提煉，由專業的糖師傅負責[註二]。糖坊主人多從事糖業統營（一條龍式經營），通常在春節前向蔗農訂購甘蔗，並向他們提供資金用於種植事宜，到收穫季節，蔗農按合約交運甘蔗。

在偏僻的山嶺地區，種植的竹蔗數量不多，農民則用一種以手攪動的小石絞來榨蔗。現今在新界一些山村，以至香港島也曾發現這些石絞的遺蹟。據《香港博物學家》（*The Hong Kong Naturalist*）於 1934 年 11 月份版刊載一篇由 A. H. Crook（時任皇仁書院校長）和 L. Gibbs（港大生物系講師）所撰，名為《有關香港自然歷史的早期筆記》（*Hong Kong, Some Early Notes on Its Natural History*）報道，在 1893 年，一名英國人在香港島作野外考察時，於香港仔附近見到這種石絞，他並詳細繪圖作記錄。雖然該石絞當時已經廢置，但木夾及柄仍然良好，可知在十九世紀初期，港島亦有人種蔗榨糖。

十九世紀時，香港主要的甘蔗種植區是在新界的屏山、廈村、粉嶺和打鼓嶺。此外，沙田與西貢山區的客家村落（如黃竹山、大腦、嶂上、高塘），亦有在山坡梯田種植。據港英政府 1903 年的行政年報記載，當時全港約有 750 英畝的蔗田，大小糖寮共 81 座，所產約四分之一於區內銷售，其餘輸往香港市區及廣州。

港英政府接管新界後，認為本地蔗業具發展潛質，故指示園林總監從夏威夷、爪哇和菲律賓引入優良蔗種，在新界試植。同時又從美國南部州份購入兩架新式榨蔗機（Chattanooga Sugar Mills），巡迴在新界各產蔗區示範，當時的港督與輔政司亦曾分別參觀，希望推動此項產業的發展。不過，新界理民官其後的報告稱：「但是因為它（機動榨蔗機）把蔗莖榨得太乾，影響蔗渣的進一步使用而被（鄉民）拒用了（因太乾而不能作牲畜飼料）。」稍後，爪哇（印尼）、夏威夷及台灣等地的蔗糖大量運港傾銷，新界蔗糖業急速衰退，農民紛紛將蔗田改種其他作物。

　　香港的蔗糖業雖然在二十世紀初退出了歷史舞台，它卻在地圖上留下痕跡：西貢北約的高塘村（原作絞糖村，客家話「高」與「絞」讀音相近），而打鼓嶺的塘坊村（原作糖坊村）均因製糖而得名。

　　由於甘蔗的生長特點，以及其經濟重要性，對廣州及鄰近地區的社會風俗及方言有一定的影響，主要的如下：

　　風俗：昔日廣州地區男女婚嫁，新娘三朝回娘家時，禮品中多包括兩株整條的甘蔗，意為「甘蔗老頭甜」，比喻夫婦生活愈老愈甜蜜。此俗在江、浙兩省及福建部份地區亦有。

　　俗語：廣州話中以甘蔗的外形、生長特點及各種用途，創造了下列幾個俗語：

「蔗二爽，甜過糖」——「爽」是俗語的量詞，意為截（節）或段，用於甘蔗，指其蔗株由地面數上的第二截，全株最甜之處，以回應上述的「老頭甜」。

「掂過碌蔗」——「掂」，意為成功；「碌」是量詞，一條的意思。意指比甘蔗還要直，形容事情一路順利。

「茅根竹」——茅根，是白茅草的根。竹，是指竹蔗。廣東人習慣用這兩種材料一同煲水作飲料，稱為「茅根竹蔗水」，有清涼藥效。這詞語中蔗水兩字，在廣州話中和「借水」同音，因「水」又指錢，所以，「茅根竹」實際是戲謔借錢的意思。

「賣剩蔗」——「賣剩蔗」是歇後語，意為無人要。蔗有一款紅皮或青皮的品種，肥大而果肉疏鬆，汁多而甜，人們嚼食作水果，稱為「果蔗」。昔日水果檔主會先斬去其蔗尾，然後切成約一呎一截，刨去其皮，放在碟上，供顧客選購。選蔗宜選蔗頭（即蔗稈近地面部份），因為「節」少兼夠甜。那些接近蔗尾部份味淡，沒有人要，便稱「賣剩蔗」，比喻無銷路的貨物。

註一　果蔗攤檔是昔日本港街頭景色之一。所售有紅皮和青皮兩種，果販將蔗枝切成若干段，每段長約一英呎（30厘米），擺放攤上。顧客選購後，果販削去蔗皮，將蔗枝輕割成小截但不分離以方便進食。而冬季有時將削好的蔗枝煲熱，稱為「熱蔗」，果販高聲叫賣：「熱蔗呢，潭州（順德潭州鄉所產果肉最鬆化）㗎。」熱騰騰的口感為顧客增添暖意，故生意不俗。到1960年代，逐漸被機榨蔗汁取代，不久更「升級」為紙盒包裝，便利攜帶飲用。

註二　昔日廣東的榨糖業，多由「糖坊」經營，主持的技師稱為「糖師傅」。他們供奉的祖師是「馬鄧先師」，關於其起源，據一本多年前出版的《東莞民間故事》說，珠江三角洲最先從事榨糖手工業的，是一位姓馬的人，他雖精於

設計石絞榨糖汁，但煮出的糖汁質素不佳。後來有位姓鄧的技師，發現煮糖汁時加入石灰，容易成糖，其質素亦較佳。故此，後來經營蔗糖的業者，將兩位合稱為「馬鄧祖師」，並在「糖寮」和「糖坊」內設神位供奉，開榨期間，運蔗來的農民，也要上香，祈求生產順利。（福建與廣西蔗糖業供奉的祖師則另有其人——杜康娘娘，她是中國釀酒業祖師杜康的妻子。）

25 諫果回甘

中文成語有「諫果回甘」之句，意思是「以直言以正人之非」，即看到或聽到親朋戚友及同事打算做一些錯誤的事情時，不怕得罪對方，正直地指出其弊病，勸諫他們改過。受者初時會覺得有壓力，事後證明進諫者是有道理，並對之產生謝意。中國古代皇朝，為「廣納忠言」，也在官府內設有「諫院」，作為聽取民意的場所。這句成語的起源，是與華南地區兩種果木——橄欖和餘甘子有關。

橄欖

橄欖是橄欖科的常綠大喬木。橄欖之名，據學者指出，是古時其原產地方言的漢語音譯，並無任何意義。[註一] 在華南，它有兩個品種，一種是白欖，另一種是烏欖。前者可以生食作果品，後者是加工後才適合食用，作調味品。

白欖，學名 *Canarium album*，它高可達 10 米以上。葉為複葉，其小葉約 11 — 15 枚，對生、革質具短柄。花為頂生或腋生的圓錐花序，夏季開放，白色而略有香味。結成卵形核果，兩端略尖，長約 3 厘米，青綠色，故又有「青果」、「青子」或「青欖」之別名。由於其樹大枝繁，果實細而分散於樹冠，所以採摘頗費工夫。不過，昔日果農從經驗中找到一個簡便的採集方法。據東漢・楊孚的

《異物誌》稱：「木高大難採，以鹽擦木身，則其實自落。」唐代劉恂《嶺表錄異》亦有相似記載。故此，後來北宋・蘇軾《橄欖》詩中便有「紛紛青子落紅鹽，正味森森苦木嚴」之句。它有些變種，收穫後果實慢慢變成黃白色，有皺紋，故又名「白欖」。^(註二) 果內有硬核，內有種子 1 — 3 粒。另一方面，因為其根深幹硬，故除產果外，亦可植作為防風樹。

白欖果實味道奇特，初入口時，微酸帶苦澀，咀嚼後逐漸苦去甘來，所以被稱為「甘果」。古時，它被用來比喻那些忠良正直，敢於勸諫皇帝或上級的官員改過的人，故稱為「諫果」和「忠果」。元代《王禎農書》卷九：「橄欖，生嶺南及閩廣州郡。……其味苦酸而澀，食久味方回甘，故昔人名為諫果。」是故有「諫果回甘」的成語。宋代周密《齊東野語》，亦記錄了一則與此相關的故事，並有詩云：「方懷味諫軒中果，忽見金盤橄欖來，想與餘甘有瓜葛，

白欖

苦中真味晚方回。」把橄欖和餘甘子兩種果實的風味，表達出來。

　　白欖在香港種植者少，只散見於新界村落與寺院旁。1930 年代初，廣東省退伍軍人李福林，到新界大埔購入大幅田地，建居所及闢農場，稱為「康樂園」，並栽種了大批白欖供應市場。李氏在民國初年曾支持孫中山先生從事革命，獲授中將軍銜，所以他將所產白欖，以「將軍欖」之名作招徠。到 1970 年代，農場被地產商收購，發展為花園洋房，欖樹多被砍伐。[註三]

　　1960 年代以前，本港街市常有新鮮的白欖擺賣，供普羅大眾作小吃。細嚼慢咽，除生津止渴外，尚有藥療功用，對舒解喉嚨發炎和酒醉有幫助。據說將果肉磨汁內服，治魚骨鯁喉有奇效，所以有人把它稱為藥用水果。此外更加工成小食增加銷路。主要是蜜漬和香料醃製兩種：如和順欖、甘草欖、丁香欖和大福果等。除在店舖銷售外，更出現了一種「飛機欖」的販賣形式，成為二十世紀中葉本港（主要在九龍）一種街頭景色。小販首先以街頭小唱吸引唐樓住客，有意購買者擲一毫硬幣到街上，販者拾取後將一小包經醃製的橄欖拋擲上二、三樓內的「大騎樓」，百發百中。售賣過程兼具娛樂與交易兩種活動，成為當時港九平民住宅區一種街頭特色。代表人物「傻仔基」，當時其社會知名度不亞於 1960—1980 年代的「九龍皇帝」曾灶財。有關事蹟及插圖，記錄於前市政局 1995 年出版的《市影匠心——香港傳統行業及工藝》第 142 頁〈飛機欖販子〉一節。其招牌粵曲小唱《旱天雷》，首兩句改成：「邊個話我傻、傻、傻？我請佢食燒鵝、鵝、鵝……」更廣為當時兒童傳誦。曲後他又唱：「飛機欖，飛機欖，飛上天棚（即天台）。」1950 年代開始，「大

騎樓」式住宅陸續改建，此情此景不再矣。

　　烏欖，又名「木威子」，學名 *Canarium pimela*。*Canarium* 源出此植物的馬來土語名，*Pimela* 意是具脂肪，指其種仁含油脂。它的生長習性與白欖相似，但果肉較厚，呈紫黑色，不可生食。通常收穫後將其去核，果肉切碎搗爛，然後浸漬成為「欖豉」或「欖角」（加工後的形狀），色如黑玫瑰花，味頗雋永，是昔日基層大眾的「鹹餸」，但近年已較少人食用，只作為菜餚配料。其核敲開後有種仁兩粒，肥大可榨油，炒熟後香脆可口，稱為「欖仁」，可用作菜餚配料或餅餡，中秋月餅的「五仁月」所用食材，欖仁即為其中之一。《廣東新語·木語》：「（廣東）番禺大石村婦女，多以斲（音啄，意思是砍、削）烏欖核為務。其核以炊（作燃料），其仁作禮果，有詠烏欖者云：『祇應人面子，會爾共成人。』蓋粵中唯此二果以仁重。」（有關人面子的資料，可見於本書第 30 篇〈「山果」與「百子」〉第 180 頁。）

烏欖

歐洲油欖

　　烏欖在香港很少種植，市面售賣的欖豉和欖仁，多是廣東增城縣所產。該縣以產荔枝而揚名，昔日該縣所產的荔枝、烏欖與涼粉草，合稱為「增城三寶」。

　　值得一提的，就是歐美國家所稱的橄欖（Olive，學名 *Olea europaea*），是另一類植物，和橄欖有別。它是木犀科的常綠小喬木，葉較細小而略帶絨毛，廣泛栽培於地中海周圍地區，歷史悠久，其果是主要的食用油的原料，故稱為「油橄欖」，唐代時曾有「齊墩果」及阿列布的中文譯名，前者見於段成式的《酉陽雜俎》，後者則為 Olea。幼嫩的浸漬後可作為小食和菜餚配料，其枝葉被視作和平與智慧的象徵。^{（註四）}

餘甘子

　　餘甘子是一種廣佈於亞熱帶的大戟科常綠灌木。在廣東山野常見，果實可生食或漬製。其味初食酸澀，良久乃甘，故有「餘甘子」之名。此名首見於唐代顯慶四年（公元 659 年）《唐本草》，在兩廣及海南島，亦寫作「油柑子」，是餘字音訛而成。西晉《南方草木狀》則稱之為「菴摩勒」，是波斯語 *Amola* 的音譯，梵文則作 *amalaka*，在南洋各地則稱為 Myrobalan，後者更成為它的英語名稱。它的學名 *Phyllanthus emblica*，前者（屬名）在希臘文指其花生於葉腋內，後者（種名）則是馬來文的名字。

　　餘甘子在本港多生長於山野草叢中，呈灌木狀，葉互生於細小的枝上而無柄，密生為二列，很似羽狀複葉。花黃色，果實細、肉質堅脆、半透明，深秋成熟，可生食或浸漬。

　　宋代《嶺外代答·花木門》有這樣的記述：「世間百果，無不軟熟，唯此與橄欖，雖腐尤堅脆，可以比德君子。南人有言曰：餘甘一時熟，獐一日肥。其說蓋二物忽然有異，則餘甘熟一時頃而復生，獐肥一日而復瘦也。」

餘甘子

餘甘子的葉，曬乾後可以放入枕頭袋內作填充物，據説可以吸收頭髮上的異味，兼能消暑。昔日廣東人夏季用來作枕頭的填充物，以代替木棉花絮，頗為普遍。現今港九有些床上用品商店，仍有此葉出售，雖是賤物，但價錢並不便宜。

往昔廣東鄉村的「掌牛仔」（即看管耕牛作息和食草的小童），到了秋季上山放牛時，很多都順便收集餘甘子的果實和葉販賣，以增加家庭收入。在福建，有些農戶在山邊種植作果樹。香港在1970年代以前，售賣雪糕及冷凍飲品的流動小販，通常都兼售用膠袋盛載的浸漬餘甘子，果粒較野生的大，相信是栽培的果子。近年亦有少量新鮮者，於九龍花墟道的花店出售。此外，不久前新聞報導，它獲聯合國糧食及農業組織（Food and Agriculture Organization of the United Nations（FAO），簡稱聯合國糧農組織）推薦栽培保健植物之一。

順道一提，新界荃灣和青衣島，各有一原居民鄉村皆名為「油柑頭」，兩者隔海峽相對，據説都因昔日多長油柑子而名。

註一　資料來源：楊蔭深《花草竹木》（事物掌故叢書），香港中和出版公司出版，2017年。楊氏（1908 — 1989）浙江寧波人，文學及民俗學家，他的主要作品是《中國文學史大綱》。此外，他對古代植物亦有研究。另一方面，亦有網上資料指出，「橄欖」之名，很可能源自其原產地之一福建——從閩南話音譯成漢語。

註二　《廣東新語·木語·橄欖》：「橄欖，有青、烏二種，閩（福建）人以白者為青果，粵中（廣州）只名白欖。」又紅鹽是海鹽的一種，用海水煎煮而成，呈微紅色，產於廣東恩州，即今恩平縣，隸屬江門市。唐·段公路《北戶錄》卷二〈紅鹽〉：「恩州有鹽場，色如絳雪，驗之即由煎時染成，差可愛也。」

註三　參閱拙著《香港地名與地方歷史·下冊（新界）》第67 — 71頁〈李福林與大埔康樂園〉。

註四　地中海橄欖的枝條，在聖經「諾亞方舟」的故事中提到，諾亞見鴿子咬着橄欖枝飛回來而知洪水已經消退，大地恢復生機與和平，因此橄欖枝被視為和平的象徵。

26 柑橘與陳皮

柑與橘古時往往並稱，有時又混稱柑為橘。由於經過長期栽培和人工雜交，其變種很多。到近代，有學者認為，果形正圓，皮緊紋細，不易剝，多液甘香的叫「柑」。果形扁圓，皮色紅或黃，皮薄而光滑，易剝，味微甘酸的叫「橘」。現代更將柑橘兩者聯合為一詞語作為該類果樹的總稱。它原產於亞洲的溫暖地帶，後來廣植至全球大部份地區。

在歐洲，柑橘類果樹統稱為 Citrus，據說此名原指另一種果木，後來卻被柑橘類「佔用」，故現代果品業亦以 Citrus 作為該類生果的統稱。

柑橘類的花朵多有香氣

柑橘類是廣東省的重要果品，它包括柑、橘、橙、柚和檸檬，五者同屬芸香科，柑橘屬（Citrus）的常綠大灌木或小喬木。在中國，其栽培歷史悠久，主要種植於長江以南省份。自古以來，廣東是最重要的產區。清代《廣東新語·木語》〈橘柚〉稱：「吾粵多橘柚園。漢武帝時（公元前 156 — 前 87 年），交趾（廣東西部與越南北部）有橘官長一人、秩一百石（官職的薪俸），其民謂之橘籍，歲以甘橘進御。……唐（公元 618 — 907 年）有御園在羅浮（惠州北面山區）。……其後常資進獻。」可證。

柑橘屬果木的枝幹，通常有刺。葉有小葉 1 枚，互生，革質，具腺點。花通常兩性，腋生，單生或簇生，白色或淡粉紅色，芳香。漿果大，矩圓形、扁球形或球形，肉質軟，多室，隔膜薄，每室有種子 1 — 8 粒及充滿汁液的錘紡狀細胞。果皮緊貼或稍疏離果肉，多有芳香。

在廣東，它的五個主要種類簡介如下：

柑

柑（學名 *Citrus reticulata*），又稱「柑子」。宋代《開寶本草》云：「柑未經霜時酸，霜後甚甜，故名柑子。」其果扁球形。

廣東柑的產地以潮汕、新會、四會以及粵西等地為主。其中優良品種有：「潮州柑」（又名「椪柑」）、「蕉柑」、「新會冬柑」（又名「茶枝柑」）和「四會柑」。後兩者的果皮，均用以製辛香味的「陳皮」。柑子成熟時，果皮呈橙黃色，與清代高級官吏的服裝顏色相同，故外國人以 Mandarin 為其英語名字。

橘

　　橘（學名 *Citrus reticulata*，與柑相同），又寫作「桔」，古代又稱為「木奴」[註一]。柑與橘的生長形態基本相同，只是因生長地區、氣候和泥土不同，而產生的兩個變種，故古時兩名是相通。「橘」字在書籍上出現的年代較早，它多產於華中，如移植於較北的地區（如淮河以北），則劣化為枳（音只）。據《周禮‧考工記》曰：「橘逾淮而北為枳，……此地氣然也。」其果皮亦可入藥，稱為「枳殼」。

　　李時珍在《本草綱目‧果部‧橘》解釋：「橘從矞，音鷸，諧聲也。又云五色為慶，二色為矞。矞云外赤內黃，非煙非霧，鬱鬱紛紛之象。橘實外赤內黃，剖之香霧紛鬱，有似乎矞云。橘之從

金橘（照片提供：葉子林）

裔，又取此意也。」

　　廣東橘的優良品種包括四會縣產的「大紅桔」、「朱砂桔」、「四季桔」和「蜜桔」。其果多呈扁球形，亦有長燈籠形者。四季桔中有一變種——「年桔」，專門盆栽作農曆新年擺設之用，取其「新春大吉」之意。

　　橘（桔）的英語名字是 Tangerine，源自北非摩洛哥的港口 Tangier（丹吉爾）。昔日該處與鄰近地區所產的桔，均由該港輸往地中海各地。

橙

　　橙（學名 *Citrus sinensis*），北宋・陸佃《埤雅》云：「橙，柚屬，可登而成之，故字從登，又諧聲也。一名金毬……」。此外，它又名「甜橙」、「黃果」和「廣柑」，其果實為球形。中國長江以南各省均有種植，以廣東所產為佳。著名品種有「新會柳橙」和「香水橙」。其英語名字 Orange，是由波斯文 *Narandj* 衍生而來，而 *Narandj* 則源自古梵文 *Ngaranga*。

　　橙的果實成熟時間通常比橘早兩個月。故此，北宋・蘇軾《贈劉景文》詩句：「一年好景君須記，正是橙黃橘綠時」。「橙黃橘綠」因此成為形容中國南方宜人秋色之句，亦有人生應及時行樂之意。

柚

　　柚（學名 *Citrus sinensis*）是柑橘屬中植株最高，耐寒性最強，果實最大，果皮最厚者。它又名「壺柑」，《本草綱木・果》稱：

柚

「柚，色油然，其狀如卣（音酉，一種古代用作盛酒的圓形器皿）故名。壺亦象形。今人呼其黃而小者為蜜筩，正此意也。」筆者認為，「柚」字的「由」亦是像其果的形狀。此外，它在福建又有「文旦」之名，據說是其馬來語名稱的音譯。

柚在中國栽培歷史悠久，主要產區為廣西、廣東和福建，品種很多，各地均有名產。廣東以西江流域生產較多。最普通的有「沙田柚」、「樣柚」（樣原作輂，意為圓）、「絳柚」（果肉紅色者）、「胭脂腳」、「桑麻柚」等品種，但以沙田柚最著名。它原產於廣西容縣之沙田鄉，現廣東各處均有種植。柚類含維生素 C 較其他柑橘類多，其特點是果皮鬆厚，運輸方便，耐貯藏。果肉除供進食外，又可入藥，是健康食物。本地市民則喜歡以柚皮入饌，如「蝦子柚皮」

為人所熟悉。

此外，它的葉具揮發性香味。昔日，廣東人習慣用它煲溫水作兒童沐浴用。農曆年除夕前幾天，街市間有柚葉售賣，以滿足人們「年廿八，洗邋遢」之用（因為廣東話中「廿八」與「易發」音近，認爲財神不會走進不乾淨的家宅，所以趁着年廿八把家裏打掃乾淨，甚至用柚葉清洗自己，寓意把身上霉氣洗去，迎接新年、發財之運）。而現今旺角花園街一帶的花店，仍間中有柚葉出售。

柚葉（照片提供：葉子林）

柚的英語名稱為 Pomelo，意義未明。在英國本土，則有別名 Shaddock，是十七世紀時，從加勒比海將柚引入英國船長的姓氏。

黎檬

黎檬（學名 *Citrus limonia*），俗稱「檸檬」，在廣東昔日稱為「宜母」。其原產地為印度及中國。它首見於中國書籍是宋代周去非的《嶺外代答・百子》：「黎檬（檬）子，如大梅，復似小橘，味極酸，或云自南蕃來。番禺人多不用醯（音希，即酸醋），專以此物調羹，其酸可知。又以蜜煎鹽漬，暴乾收食之。」《廣東新語・木》：

「宜母，子似橙而小，二三月熟，黃色，味極酸，孕婦肝虛嗜之，故曰宜母。……一名黎檬子。」十九、二十世紀時，廣東省栽培者不多，所產果多榨汁，加入砂糖作解渴飲品。廣州地區則把它浸於鹽水裏，作烹調配料，稱為「鹹檸檬」。

黎檬在十世紀由西亞傳入歐洲地中海地區，按音譯成「Lemon」。十八、十九世紀，由歐洲傳入北美，植於美國加州（California）及佛州（Florida）。產品經改良後運銷中國，國人以其自外洋來，所以稱之為「洋檸檬」，卻不知它其實是「重歸故里」。現今多用於西餐食材作提味品及紅茶的配料。

除上述五種外，本港市面尚有兩種進口柑橘類水果——西柚和來檬，但本地並無種植。

檸檬（照片提供：葉子林）

西柚

西柚

　　西柚（學名 *Citrus paradise*）原產於北美洲加勒比海的牙買加（Jamaica）及鄰近諸群島。植物學家認為它是甜橙和柚自然雜交所成，其果實體積大過橙但細於柚。它是小喬木，結果時成串狀，有如葡萄，故有「葡萄柚」（Grapefruit）之名。其果肉粉紅色，味甜中帶酸，但營養豐富。

　　十九世紀末，美國引種於佛羅里達州（Florida），並培育成商品果，成為美國人的餐後果，部份榨果汁入罐頭外銷。二次大戰後，很多亞熱帶地區均有引種，但中國則很少種植，現今香港市面所見，均為進口者。

來檬

　　來檬（學名 *Citrus aurantifolia*）是 Lime 的譯音，香港市面一般稱為「青檸」。它原產於印度、緬甸、馬來西亞一帶，為熱帶地區主要的酸用柑橘。哥倫布發現新大陸後引進美洲，現今埃及、中東、印度、東南亞、澳洲、墨西哥、中南美洲都有種植，以美國佛

羅里達州、巴西、以色列及印度等栽培數量最多，而品種分別為「甜來檬」及「酸來檬」兩種。

它一年四季都可開花結果，果皮薄而呈青色，果汁率高，酸味強，可代替檸檬用於榨汁、調味，或混合其他水果製成果醬。柑橘類水果富含維生素 C，十八、九世紀時，英國的船艦上常備來檬及檸檬，加入飲料中，以預防水兵罹患壞血病。故此美國俗語中稱英國人，尤以其海員為「Limey」，亦由此而來。來檬能提煉檸檬酸，為食品飲料調味劑。檸檬酸能幫助消除疲勞，順暢代謝，減少脂肪囤積，有益身體健康。

陳皮

昔日，廣東有俗語云：「廣東有三寶，陳皮、老薑、禾稈草」。所謂「陳皮」，就是曬乾了柑子的果皮，經過貯藏一段時間者。

陳皮（照片提供：連晉熙）

陳皮排在第一位，是因它既是藥材，也是食物調味、魚肉辟腥的配料。它在中國南方各省都有出產，但以廣東新會縣的最有名。

　　古代植物學書籍，都有記載柑橘類果皮的藥性和療效。南北朝時期（公元 420 年— 589 年），（劉）宋・陶弘景《神農本草經》說：「橘皮療氣大勝……須陳久者為良。」《本草綱目・果》說：「橘皮紋細色紅而薄，內多筋脈，其味苦辛；柑皮紋粗，色黃而厚，內多白膜，其味辛甘。」清代《廣群芳譜・果》補充：「他藥貴新，此藥貴陳。」指出果皮曬乾後，貯放愈舊，療效愈好。1956 年的《廣州植物誌》：「新會所產的大紅柑（亦稱茶枝柑），果肉品質雖較次，但皮供藥用，即熟藥中之陳皮，為芳香健胃劑，有鎮咳、祛痰、鎮嘔、止呃、利尿等效。作為食物配料，它有辟腥提味的功用。」

　　按廣東傳統，三年以內的叫「果皮」，三年以上才可以叫「陳皮」。年份愈久的陳皮，價值愈高。現今高檔粵式食肆所製的陳皮紅豆沙，都特意標明使用「遠年陳皮」，以示正貨。故廣州俗語云：「百年陳皮，千年人參。」民間習俗，家中貯放的陳皮，每年到「夏至」節氣，陽光猛烈時，取出曝曬，更添其香氣。

　　此外，陳皮沖茶的歷史也很悠久。近年，有新會商人夥同雲南茶商，以雲南出產的普洱，加入果皮再蒸曬，稱為「柑普茶」，標榜為健康飲品推銷，賺得盆滿缽滿。

註一　　古人認為柑橘經濟價值高，「種橘如養奴僕」，故有「木奴」之別名。另一方面，《齊民要術・卷四・種梅杏第三十六》亦說：「木奴千，無凶年，蓋言果實可以市易五穀也。」意指柑橘值錢。

27 青出於藍

　　中國成語有「青出於藍而勝於藍」之句，意思是弟子的表現勝於為師者。在作物產業中，由於生長環境（氣候、土壤、水份和肥料）的轉變，以及栽培技術的改進（選種、雜交或基因改造），產品也同樣會有重大的改善。近幾十年，果品成績最突出的，就是新西蘭的奇異果，成就超越其「前輩」。

從獼猴桃到奇異果

　　1980 年代初，本港果品市場出現一種從新西蘭輸入的新果品，名為 Kiwi fruit，中文稱為「奇異果」或「奇偉果」。其外形像一隻

獼猴桃的花

有褐色茸毛的鴨蛋，果肉青綠色，呈半透明狀，味微酸，內含頗多細小黑色的種子。由於代理商大力推廣，很快成為市場新寵；酒店餐後的甜品、高檔餅店的果撻，都選用它來吸引顧客。

其實，奇異果原產於中國，主要生長於長江流域一帶的山嶺。不過，因其果肉少而核多，人們不甚喜歡，卻吸引獼猴爬樹攀藤採食，所以便叫做「獼猴桃」。它亦有「藤梨」和「陽桃」之別名。明代《本草綱目・果》稱：「藤梨：其形如梨，其色如桃，而獼猴喜食，故有諸名。閩人呼為陽桃。」

獼猴桃是獼猴桃科的多年生落葉藤本，學名 *Actinidia chinensis*（屬名自源希臘文，指花的形狀，種名指它源自中國）。它的葉互生，近圓形或倒卵圓形。花雜性或雌雄異株，春末初開時白色，後轉為黃色。漿果卵球形或橢圓狀球形，密生棕色短毛。秋季成熟，果肉綠色，種子多而細小，成熟時果肉軟脆味酸甜，營養豐富，維生素 C 甚高。中醫亦有將之入藥作醫療用途。近年有臨床實驗，證明有助病人於手術後促進復原。

約在 1900 年，獼猴桃由西方著名植物學家 E. H. Wilson 引入英國和法國，並稱之為 Chinese gooseberry（中國鵝莓）。位於南半球的新西蘭，亦於 1906 年從中國引入種子栽植，1910 年開始結果。其後選種育苗，為自立風格，選用象徵該國的「無翼鳥」（Kiwi）為名，因獼猴桃的外皮及茸毛與其羽同色，稱為 Kiwi fruit。稍後開始商品化種植，不過，當時的規模尚小，產品只供國內銷售。到 1960年代，該國輸出傳統的農產品如羊毛、肉類和乳製品，受到英國加入歐洲經濟體系的限制，引致銷量下降。於是，新西蘭全面發展其

他農產品以補救，奇異果遂成為重點推廣項目。除以鮮果形式出口外，亦製成果汁和釀酒。經過廣泛的宣傳，終於在 1980 年代建立了國際聲譽。在香港市場推出時，按音譯為「奇異果」，取「偷天換日」之意。

鑑於新西蘭的成功，美國在 1960 年代開始在加州種植，意大利繼之，稍後法國、日本、以色列和南美多國亦加入競爭，但產品質素均遜於新西蘭。近年，中國亦對獼猴桃加以重視，先後在華中各省發掘了幾個變種，如牛心獼猴桃、盤形獼猴桃和歪嘴獼猴桃，加以培育，種植面積大增，力求奪回國內市場。

由於多國先後加入爭奪國際市場，新西蘭近年育成了一種超級

黃金奇異果

奇異果——Zespri® GOLD Kiwifruit（黃金奇異果）^{（註一）}，該品種不但果體較大，其黃色的果肉較脆、無酸味、種子較少，而且維生素C更高，力求保持其「一哥」地位。

註一　1988年，新西蘭政府整合原有各自出口的產業組織，協助成立並集中資源形成單一出口的行銷模式，加強從選育品種、果園生產、包裝、冷藏、運輸、配售及廣告促銷等環節的配合，使得新西蘭奇異果成為全球奇異果市場的領導品牌。1997年，推出「Zespri®」作為品牌名稱，負責新西蘭奇異果全球的行銷，為全世界最大規模的奇異果產銷企業。

28 薏苡明珠

　　廣東人習俗，每年到「大暑」節氣（公曆 7 月 22 或 23 日），喜歡用大塊的連皮冬瓜、荷葉、扁豆和薏米煲湯，作為晚飯湯水，以「去暑散熱」。其中的薏米，就是薏苡的穀粒。

　　薏苡又名「川穀」，是禾本科的多年生草本，學名 *Coix lacryma-jobi*。其原產地為交趾，即現今廣東省西部和越南北部，後廣泛傳至亞洲熱帶及亞熱帶的地區。其植株外形頗似粟米（玉蜀黍），但較矮小。葉互生，線形至披針形，花單性，雌雄同株，花

薏苡的穀粒

序為腋生之總狀花序，小穗單生，雌雄同序；雄花位於雌花上部，由總苞中抽出。雄小穗 2 — 3 枚，雌小穗亦 2 — 3 枚，僅一枚發育，外皮一珠狀之灰白色骨質總苞，有光澤，蘋果圓珠形，徑約 0.5 厘米，穀粒稱薏仁。在交趾，稱為幹珠或贛珠，昔日以代米食，或雜米中同煮作飯。因此，廣東民謠有云：「食米得薏，薏一米二，從郎二米，儂只一薏。」又「郎是幹珠兒，儂是薏珠子，自憐同一珠，甘苦長相似。」

薏苡原為野生，昔日鄉間小孩，以其球形的薏仁，用線穿起，作戲耍玩具。佛教人士則用之作誦經時的念珠，稱為「菩提子」[註一]。災荒之年，民眾採之以充饑。後來又種植作藥療，或作小食，故此，昔日它又有「藥玉米」之俗名。

薏苡在古代從交趾傳入中國中原地區，曾引起一件奇冤巨案。據《後漢書‧馬援傳》記載，東漢名將馬援平定交趾叛亂後，管轄該地多年，其間喜歡當地薏米滋味。任滿返國時，載滿一車的薏苡子返鄉，卻被誤說所載的是珍珠，誣陷他搜括當地民脂民膏，株連妻室兒女，史稱「薏苡之謗」，並衍生「薏苡明珠」（把薏苡錯當珍珠）的成語，比喻故意顛倒黑白，陷害別人。

薏苡的別名頗多，包括「回回米」（穆斯林的食米）、「薏珠子」、「菩提子」（唸誦佛經時計算次數的珠串），和贛珠（堅硬的珠粒），都是不同地區以不同角度而名的。其學名中的屬名 *Coix* 與種名 *lacryma-jobi*，在拉丁文中分別意為「水草狀的植物」與「如（舊約聖經中）約伯的淚珠」，亦即英語名稱 Job's tears。

薏苡在現今香港間中可見，多長於荒田及水溪旁。2011 年出版

的《香港植物誌》英文版第四卷，已確定「薏苡」為正式中文名稱。

註一　　《本草綱目‧穀‧薏苡仁》：「一種圓而殼厚堅硬者，即菩提子也⋯⋯可穿
　　　　作念經數珠，故人亦呼為念珠云。」

從**波羅**到**菠蘿**

廣東沿海地區，有三種植物的名稱都含有「菠蘿」之名。它們是草本的菠蘿、灌木的假菠蘿和喬木的菠蘿蜜。其中假菠蘿是本土植物，其果成熟時雖美觀但不可食。其餘兩種是外國傳入的果木。初期兩者名字都按音譯為波羅，後來均「華化」成菠蘿。

波羅蜜（菠蘿蜜）

在本港水果攤檔上，有一種形如成熟冬瓜，但外皮有突起的褐綠色小珠粒，驟看有點像榴槤的巨型水果。外殼切開後，內藏淡黃色的果肉（假種皮），取出用鹽水浸漬後售賣，人們以它甜如蜜糖，故稱為「波羅蜜」。因為它的果實是從樹幹或粗枝上長出（莖花植物），體積巨大，所以廣東人稱之為「大樹菠蘿」，英語則作Jack Fruit。[註一]

波羅蜜是桑科的常綠喬木，學名 *Artocarpus heterophyllus*。它原產於印度次大陸和中南半島。「波羅蜜」之名，源自印度梵文「波羅蜜多」（*paramita*），其意為「味甘甜」。此外，它又有「優鉢曇」、「婆那娑」和「曩伽結」等別名，都是中南半島各地土語果名的音譯。

波羅蜜高可達 15 米，樹皮灰褐色，葉橢圓形而有光澤。它的花有雌雄之分，分別生在不同的花序上；雄花序生在小枝的末端，棒狀，密生着很多細小的雄花，內面只有一個雄蕊。雌花序則生在樹幹或粗枝上，密生着很多雌花。它的果是聚花果，即由很多花結成的果聚集在一起而成，所以它的果實都很大，一般都有 5 公斤。有硬肉和軟肉兩類，前者果實肥壯多汁，香味濃厚，後者果皮柔軟，果肉鬆脆，但香味則較淡。

　　由於波羅蜜的果實巨大，食用時就要分開一包一包來吃，每包事實上是一個單獨的果，可吃的部份是花後的肉質花萼，味很甜。

　　波羅蜜的種子長橢圓形，長約 3 厘米，煮熟後也好吃，有芋頭、板栗的風味。它的木材黃色，硬度中等，紋理精緻，是做

波羅蜜（菠蘿蜜）從樹幹長出纍纍果實（照片提供：葉子林）

波羅蜜的巨型果實（照片提供：葉子林）

傢具和建築等的良材。其木屑可提取黃色染料，在印度有用以染僧侶之袈裟。

在廣東生長的波羅蜜，是六朝時代（公元二至六世紀）由海路傳入。南宋‧方信儒的《南海百詠》中〈波羅蜜果〉一詩便有：「累累果實大於瓜，想見移根博望槎」之句，博望槎，是指南洋國家往中國使者的船。它最先種植於廣州附近扶胥江畔的波羅廟。關於這一段史實，《廣東新語‧木語》記載：「波羅樹，即佛氏所稱波羅蜜，亦曰優鉢曇。其在南海廟中者，舊有東西二株，高三四丈，葉如頻婆（一種本地果樹，參閱本書第 36 篇〈被遺忘了的果品〉）而光潤。蕭梁時（按即公元六世紀，南朝崇佛的梁武帝蕭衍）西域達奚司空所植，千餘年物也。（其）他所有，皆從此分種。生五六年至徑尺，削去其梢，以銀鍼釘腰即結實。其實不以花，成實乃花，然常不作花，故佛氏以優鉢曇花為難得。每樹多至數十實，自根而幹而枝條皆有實，纍纍疣贅。若不實，則以刀斫樹皮，有白乳湧出，凝而不流則實，一斫一實，十斫十實，故一名刀生果。……」相傳，波羅國⁽註二⁾有貢使，攜波羅子二登廟下種。風帆忽舉，舶眾忘而置之（意為把他遺下），其人望而悲泣，立化廟左，土人以為神，泥傅肉身祀之，一手加眉際，作遠矚狀，即達奚司空也，廟以故及江皆名波羅。按「達奚」是使者的姓名，「司空」是中國皇帝追封給他的官職名稱，以表彰他對中外航海貿易的貢獻。

由於波羅廟位於珠江口獅子洋，面向南海，其後航海者及官吏出入江口時，多停泊廟前，入內進香，並在波羅蜜樹下酹酒（酹音賴，意即將酒灑在地上作祭祀），祈求達奚保祐航程順利，故稱「波

羅浴日」，而該處亦成為明、清時代，廣州市「羊城八景」之一。

在香港生長的波羅蜜數目少，多見於寺院。昔日，元朗橫洲三村共有數十株，每年產果約 300 個，除村民自吃外，亦有少量送給親友享用。可惜近年因村屋發展，很多已被斬伐。現今港九市面售賣的，均為東南亞入口者。

菠蘿（鳳梨）

菠蘿是鳳梨科的多年生草本，葉呈劍形，長約 1 米，茂密，莖直立，被周圍葉片覆蓋着。花的子房，生於莖的上部，由 100 — 150 個花朵密集並列，淡紫色的花開放後，果實互相接合成一個整體，每一個組成的小果則稱為「眼」。果肉質多汁，其整個的形狀、大小、果皮顏色和果肉品質，因品種不同而異。

菠蘿是鳳梨科的多年生草本

菠蘿原產於南美洲巴西。其野生種原長於森林中的樹行間或石縫，它的果細小，味帶酸，種子很多。當地土著經過長期選種，培育出無種子的植株，果亦較大而甜。他們稱這種果為 Ananas，意為「眾香之國」，後來植物學家亦採用它作為學名 Ananas comosus 中的屬名，而種名，則指其花的紅紫色，與另一種名為 comosus 的植物相似。

據植物書籍記載，十五世紀末，哥倫布到達美洲時，菠蘿在當地已廣泛栽種。十六世紀，西班牙人把它帶返歐洲，因為其外形有些像「南歐黑松」（學名 Pinus nigra）的巨大毬果（Pinecone），所以便用拉丁文稱它為 Pina。稍後傳入荷蘭和英國，以其果肉媲美蘋果，故併合稱為 Pineapple。據說英皇查理斯二世第一次得到菠蘿時，特別在皇宮內舉行了一次盛大的宴會，赴宴的貴族和巨賈，初次嘗到這種異域美果，讚賞不已，成為上層社會的佳話。

隨著歐洲人的殖民活動，菠蘿先後傳入了非洲、印度和太平洋地區各國。中國最早種植的菠蘿，是由荷蘭人把它傳入台灣。當地人因其果肉泛黃，而黃色為清朝「君皇之色」，而果形似梨，故稱之「王梨」或「黃梨」。後來又因其葉片與冠芽束簇集中，向上散開，狀如鳳鳥之尾羽，於是借「有鳳來儀」之典故，命名「鳳梨」。鳳梨最後在中國植物學書籍採用為正式名稱。廣東人以它的果味有些像波羅蜜，所以便叫它做「波羅」。清・嘉慶（1819 年）的《新安縣志》就採用此名。不過，現代中國的植物學書籍包括 2011 年的《香港植物誌》，都以「鳳梨」為正式名稱。

菠蘿傳入廣東後，迅速引種於沿海的東莞和新安縣（後改稱寶

安）。清‧嘉慶《新安縣志‧物產‧果》記載：「（其果）波羅高尺許，葉長如劍有刺，挺地而生，每一樹只結一子。至夏成熟，其色黃赤，味甚甘香，土人慮有熱毒，去其皮以鹽擦之。」這種處理方法至今仍為本港居民沿用。菠蘿是用無性方法繁殖，據老農說，泥土疏鬆的草坡均可種植。在新界租借前，本地最主要的種植區為荃灣、城門谷（今城門水塘）、葵涌和青衣島；其次為八鄉、西貢、南丫島和大嶼山南部（塘福、水口）^{（註三）}，所產多為鄉民以扁擔挑往墟市出售。

香港開埠後，港島和南九龍發展為市區，人口漸多，對新鮮蔬果的需求增加。當時仍為「華界」的荃灣、葵涌及城門谷所產菠蘿及其他蔬果，每日均用船艇運銷港島，對產地的經濟頗有裨益。而在這樣的背景下，終於爆發了「城門械鬥」事件。

城門谷鄉民是清‧康熙年代閩粵沿海「復界」後，才從廣東東北部移來定居的客家人（多為鄭姓），谷內耕地不足，除種禾稻作食糧外，村民要靠斬柴、種菜和水果維持生計，農產外銷主要經城門谷口、下荃灣轉水路運往港九市區。由於途經荃灣，當地鄉民在谷口設崗，收取過路農產小費，以作維修村徑費用。而農產外銷增加，利之所在，爭端遂起。據稱城門谷村民認為，荃灣對其農產外銷「課稅」（收「買路錢」）過重，而荃灣居民卻指斥城門谷村民到荃灣盜竊，敗露後率先動武傷人。雙方都動員壯丁，刀鎗齊出，各有死傷。「械鬥」長達三年，最後在川龍曾姓父老調停下休戰，死傷者（雙方共有 34 人）均被稱為義勇烈士，已歿的分別入祀於荃灣天后廟及協天宮中。^{（註四）}

果品類

171

菠蘿在熱帶各國栽培很廣，故品種眾多。十九世紀末期，新界所種的雖然是果體較細的品種，但味甜多汁，廣受港九市區的華人喜愛。除作水果，菠蘿更可入饌，故產量漸增，為滿足這種需求，青衣島發展為新的種植區。據調查資料，當時荃灣街市的「義和全」，成為統籌城門、葵涌和青衣島所產菠蘿的商號，並負責運銷港九市區。1898年香港被殖民統治時代，英國租借新界前夕，時任港英政府輔政司的駱克（James Stewart Lockhart）所作的調查報告（《香港殖民地展拓界址報告書》（*Report by Mr. Stewart Lockhart on the Extension of the Colony of Hongkong*）（即俗稱的《駱克報告書》）中提及新界地區種植菠蘿的情況，並認為有發展潛質。

據1899年的香港行政年報，當時已有華資在港島西環設立了兩間菠蘿罐頭廠，年產共39噸，除供應本地消費外，更運銷往英國、北美洲、俄羅斯和中國台灣。同年，港府的植物及植林部，從外國引入一批良種菠蘿苗，供新界各區試植。新界租借後，村民用以種植菠蘿的山坡，須由理民府劃定，發予牌照，以村為單位，每年繳費。

不過，新界理民官奧姆（G. N. Orme）在1912年呈交港督的《關於新界的報告》（1899 — 1912年）中，有關農作物一節稱：「在山坡的陰面種植菠蘿，從荃灣到城門和荃灣對面的青衣島上，幾乎整個谷地都栽有此物。在我們管治的頭幾年，曾經大力從事於此一產業，似乎有理由相信，將此種果實製成罐頭的需求將會上升。然而，這個願景並未實現，對香港和澳門罐裝水果的需求大為降低。此後，用於此產業的土地荒棄了，種植面積於1911年約為340英畝，而1908年是450英畝。」

1910 — 1920 年代，新界菠蘿種植走下坡的原因，相信是因當時的夏威夷、菲律賓及爪哇（印尼）菠蘿種植大規模拓展所引致。它們採用機械耕種，定期施肥和使用化學農藥控制病患蟲害等措施，香港的小農經營方式，實在難以競爭。

　　二次大戰後初期，農業當局及嘉道理農業輔助會，曾協助新界原居民，在他們村落附近的山坡重新種植菠蘿，並取得一定成績。但到 1960 年，原居民子弟紛紛移民西歐從事餐飲業，或到市區工作，果園乏人照顧而荒廢。到二十世紀末，菠蘿種植差不多於新界絕跡。

露兜樹（假菠蘿）

　　假菠蘿原名「露兜樹」，它是露兜樹科的多年生灌木，學名 *Pandanus tectorius*。它喜生於海濱地區，香港各海島常見。它高約 2 米，幹分枝，常生氣根。葉呈長帶狀，革質，叢生於枝頂，無柄。葉邊緣與背部中脈有銳刺，葉片長可達 1.5 米。夏季開花，雄蕊十多枚，簇生於柱狀體頂端，結成頭狀聚花果，成熟時呈橙色，形狀酷似菠蘿，故又名「假菠蘿」（本地村民亦有稱之為「露兜簕」或「簕古子」）。它雖然不能作果食，卻有藥療功用及其他用途。

　　（一）藥療：據中草藥書籍所載，其根部可治腎炎、水腫。其果核與其他草藥合煎，可治睪丸炎。

　　（二）其他用途：其葉削去尖刺後，可用以包裹粽子，稱為露（蘆）兜粽，亦可用作小童玩意「打豹虎」（跳蛛）[註五]。此外，其纖維亦可以織草蓆和製作漁具。

露兜樹的果實成熟時頗似菠蘿

總結

　　以上三種植物，雖然都含有菠蘿之名，但各有所屬：菠蘿蜜是木本水果；菠蘿（鳳梨）是草本水果，而假菠蘿（露兜樹）則不是水果。

　　在果品名稱書寫方面，「波蘿」變為「菠蘿」，是外來果品名稱「華化」所引致，有關這種做法的文化背景，請參閱本書第 22 篇〈葡萄、菩提子和葡萄牙〉的註釋五。^{（註五）}

註一 太平洋熱帶島嶼有一種與 Jack Fruit 親緣相近的樹木，其果實大且富含澱粉質，當地土著用作糧食，故有麵包樹（Bread fruit）之名（學名 *Artocarpus altilis*）。

註二 按所稱的「波羅國」，實為昔日印度之「摩揭陀國」，今為印度比哈爾（Bihar）邦。

註三 現今本港地圖仍留下菠蘿峯（西貢）、波羅山（八鄉）、波羅嘴（南丫島）和菠蘿壩（城門水塘建於原日城門坳）等地名。不過，波羅二字的寫法並沒有統一。

註四 資料來源：香港中文大學新界口述歷史計劃的《荃灣區總報告》（1984年）初稿（手抄本）。

註五 昔日廣東鄉村兒童，常切取約五吋長露兜簕的葉，批去葉緣鋸齒，摺成長方形扁盒子，以飼養一種名為「跳蛛」（俗稱「金絲貓」）的黑色小昆蟲。空閒時兩方放出互鬥，以決勝負，稱為「打金絲貓」。二次大戰前後，本港很多小學男生課餘時候常以此作為遊戲。隨着社會經濟水平提高，這種廉價消遣逐漸被淘汰。

30 「山果」與「百子」

　　現今在市場售賣的各種果品，都是我們祖先從野生植物中，挑選其果實品質較佳者，經過馴化、雜交和培育而成。另一方面，現今郊野仍有頗多可食用的果子，只因它肉薄、味淡，未被利用而已。昔日，人們俗稱它為「山果」。由於其體積較細小，鄉民習慣叫作「乜乜仔」或「乜乜子」。因數目眾多，故古籍統稱為「百子」[註一]。

　　山果的名稱，多是「約定俗成」，通常以果實形狀、外皮顏色、果肉品質、藥療或其他功用而定。此外，亦會因產地不同而名稱各異，更有些因經濟原因而「雅化」，從而促進該品種「升格」為果品，並隨着社會發展而轉變。下列就有幾種具代表性者。

倒捻子

　　倒捻子今名「山竹」，是山竹子科的常綠大灌木，廣泛分佈於華南。它首見於書籍，是唐代劉恂《嶺表錄異》卷中：「倒捻子，窠叢不大，葉如苦李，花似蜀葵，小而深紫，南中婦女得以染色。有子，如軟柿，頭上有四葉，如柿蔕（同蒂）。食者必捻其蔕，故謂之倒捻子，或呼為都捻子，蓋語訛也。其子外紫內赤，無核，食之甜軟，甚暖腹，兼益肌肉。」

清初屈大均《廣東新語》卷二十五〈木語‧諸山果〉採用「都捻子」之名，並指出廣東惠州北面的羅浮山多此果木。又提及蘇軾（字子瞻，號東坡）認為，它的樹液含膠質，可代漆用，故又名「海漆」。有關敍述如下：

　　「都捻子，樸樕叢生，花如芍藥而小。春時開，有紅白二種。子如軟柿，外紫內赤，亦小，有四葉承之。每食必倒捻其蔕，故一名倒捻子。子汁可染，若臙脂。花可為酒，葉可麯。皮漬之得膠以代柿。蘇子瞻名曰海漆，非漆而名為漆，以其得乙木之液。凝而為血，而可補人之血，與漆同功，功逾青黏，故名。取子研濾為膏，餌之又止腸滑。以其為用甚眾，食治皆需，故又名都捻。產羅浮者高丈許，子尤美。」

泰國產的「山竹」，果大殼厚但果肉亦較多，是長期培育而成。

在香港，新界村民則叫它做「黃牙桔」或「黃牙果」，是因昔日上山斬柴，時常採摘其成熟的果實潤喉，但食後牙齒染黃，故名。

近年，《香港植物誌》則採用中國現代植物書籍通用的「山竹子」為正式名稱，並列出本地生長的兩個品種，均屬山竹子科，藤黃屬：

（一）多花山竹子（學名：*Garcinia multiflora*）

（二）嶺南山竹子（學名：*Garcinia oblongifolia*）

山竹子在熱帶亞洲地區分佈頗廣，可長成喬木，其果實體積較大，但果皮較厚，早已成為商品果。「南洋」各地的華裔，多稱之為「山竹」，英語名 Mangosteen，是當地土語的音譯。在印尼爪哇島，中文名「莽吉柿」，英語作 Manggis。近年運銷到香港的果品，以泰國所產最多。

五斂子

五斂子今名楊桃，是酢漿草科的常綠大灌木，學名 *Averrhoa carambola*。它高約 5 米，小枝、葉柄及花梗紫色。葉為奇數羽狀複葉。圓錐花序，有花五瓣，紫紅色。結成漿果，其橫切面呈星形。果肉酸甜多汁，種子扁平。

五斂子原產於馬來半島，據稱是在漢代傳入中國。它首見於晉代《南方草木狀 · 卷下，五斂子》：「大如木瓜^{（註二）}，黃色皮，肉脆軟，味極酸，上有五棱如刻出，南人呼棱為斂，故以為名。以蜜漬之甘酢而美，出南海郡（即今廣東）。」

五斂子（楊桃）

　　宋代《桂海虞衡志》則稱之「五棱子」，並說：「形甚詭異。瓣五出，如田家碌碡（一種古代圓筒形有釘的碎土農具）狀，味酸，久嚼微甘，閩中（指福建）謂之羊桃。」明代《本草綱目·果》則記錄為同音之「陽桃」。[註三] 後來更有人以它來自外洋，轉寫為「洋桃」。另一方面，英語則以其果橫切面如星狀，稱為 Star fruit。

　　必須指出，昔日廣東種植的楊桃，果體形較小，皮淺青色，味淡。近年，本港市場售賣的均來自泰國和馬來西亞，果實較大，皮色黃，味道甘甜，銷量大；而土產楊桃卻只間中在新界墟市有售。

人面子

　　人面子，學名 *Dracontomelon duperreanum*，是漆樹科的常綠喬木。奇數羽狀複葉，長 35 — 45 厘米，有 11 — 17 片小葉。春夏間開白色小花，綴成多花的頂生圓錐花序。果扁球形，徑約 2 厘米，核 5 室，每室均有一溝槽至頂部開孔，前人以「其核類人面，兩目鼻口皆具」，故以「人面」名之。

　　人面子廣泛分佈於華南各省及越南北部，在廣東種植的歷史悠久，《南方草木狀》載：「人面子似含桃，結子如桃實無味，其核正如人面，故以為名。以蜜漬之稍可食。以其核可玩，於席間釘餖

人面子（人面、銀棯）的果實（照片提供：關心彥）

饗客。」《廣東新語・木語・人面》：「（果）仁絕美，以點茶，如梅花片，光澤可愛，茶之色香亦不變。」現今它的主要用途是以肉質果皮作蜜餞，或浸漬作涼果。它也可入藥，味甘酸，可醒酒、解毒，治偏身風毒痛癢，去喉痛等症。其木材亦佳，可作建築用。

人面子在廣東中部各縣都有栽培，以增城水東鄉所產最有名。《廣東新語・木・人面》記述其種植及售賣情況：「此樹最宜沙土，沙土鬆則根易發，數歲已婆娑偃地。山居家，其祖父欲遺子孫，必多植人面、烏欖；人面賣實，烏欖（原名木檆子）賣核及仁，百餘年世享其利。」

到清代末葉，在人口眾多、經濟較富裕的廣州市，人面子主要用作小食或菜餚配料，同時，其名稱也變成「仁稔」、「銀稔」或「杧面」。商販通常將其醃成涼果，或鹽漬成醬油浸仁稔，與醃梅子酸薑或酸筍的提味相若，也可作為餐前小食。新鮮的仁稔可作蒸或炒的配料使用。民間食療智慧，說它可消滯及減腥。

在香港，現今市民對仁稔的認識不多，家用者少，食肆則較多使用。由於是季節性食品，每到當造時，菜蔬攤檔偶有小量銷售。近年的《香港植物誌》，仍沿用「人面子」作正式名稱。

鬼目子

鬼目子現名「酸棗」。《廣東新語・木・諸山果》記述：「（它）大如梅李，皮黃肉紅，味甚酸，人以為蔬，以（果）皮上有目名鬼目。」

酸棗學名 *Chocrospondias axillaris*，是漆樹科的落葉喬木，樹幹

高達 10 米，樹冠廣闊，幹有裂皮，葉為複葉，有小葉 7 — 15 片。花白色，結成球形核果，成熟時轉橙色，頂部有 5 個小孔，果皮脫落後，其核狀如人頭骨之眼孔。其果葉落後仍懸於枝上，直至初冬才落於地面。昔人有拾作果食，但味酸，故命名為酸棗。最終成為野生鳥獸的食料，故英語稱為 Hog plum（豬吃的李子），於香港山嶺低坡頗常見。

無患子

又名「木患子」，古名「桓」（音環），學名 *Sapindus saponaria*，是無患子科的落葉喬木，高約 15 米，葉為羽狀複葉，聚生於枝條近頂，有小葉 8 — 13 枚，通常互生。圓錐花序頂生或側生，花黃綠色，夏季開放。果呈球形。雖然它與荔枝及龍眼是近

無患子（木患子）（照片提供：漁農自然護理署）

親，惟其果實口感較酸，不宜食用，但可作中藥，有清熱解毒、消積、殺蟲等效用。由於果皮含有皂素，用水搓揉便會產生泡沫，昔日鄉民用以代替肥皂，所以又有「洗手仔」的俗名。學名中的屬名 *Sapindus*，意思是「印度的肥皂」。

關於無患子名稱起源與變化，其效用與藥療、實用價值，以至涉及宗教層面，古代書籍有不少記載。唐‧開元 29 年（公元 741 年），陳藏器編著的《本草拾遺》有如下描述：

「子中仁燒令香，辟邪惡氣。子黑如漆珠子。深山大樹，一名噤婁，一名桓。桓，患字聲訛也。《博物志》云：桓葉似柳，子核堅，正黑，可作香纓，用辟惡氣，澣（音莞，意為清洗）垢。《古今注》云：程雅問木曰：『無患何也？答曰：昔有神巫曰，寶眊能符劾百鬼，得鬼則以此木為棒，棒殺之。』世人相傳以為器，用厭鬼，故曰無患也。《纂文》云：無患名噤婁，實好去垢，核黑如墍櫨，今僧家貫之為念珠，紅紫色，小者佳也。《酉陽雜俎》同《本草衍義》：無患子今釋子（佛教徒）取以為念珠，出佛經。」

在現今的香港，無患子只偶見於鄉村郊野，市區則罕。

註一　宋代范成大《桂海虞衡志‧果》：「世傳南果以子名者百二十，半是山野間草木實，猿狙之所甘，人強名以為果。故余不能盡識，錄其識可食者五十五種。」其後明、清兩代的中國植物書籍中（包括《本草綱目》、《廣群芳譜》及《植物名實圖考長編》），載有含「子」的果類品種已經超過百種，現抄錄主要者如下（從左至右按筆劃排序，共 104 種）：

人面子	人參子	千歲子	土翁子
大風子	大腹子	山竹子	山棗子
不納子	五子	五味子	五斂子
天茄子	夫編子	日頭子	木竹子
木槭子	木槵子	木賴子	木薑子
木鼈子	毛桃子	水棚子	火炭子
牛乳子	王壇子	古米子	古度子
甘劍子	白緣子	白蠟子	多南子
多感子	州樹子	朱圓子	羊齒子
君遷子	壳子	沒石子	赤柚子
乳甘子	肥珠子	金紐子	金鈴子
金櫻子	青竹子	枸柰子	枸葉子
相思子	秋桐子	胡頹子	飛松子
倒捻子	桃棚子	海松子	海梧子
留球子	益智子	粉骨子	鬼目子
側子	國樹子	桶子	栀子
粘子	蛇林子	部諦子	都角子
都昆子	都咸子	㮤子	無石子
無患子	無漏子	猴達子	猴總子
菩提子	鈎緣子	黃皮子	黃金子
黃彈子	塔骨子	椰子	楊搖子
預知子	槎擦子	算盤子	綠益子
韶子	劉子	豬肉子	醋林子
餘甘子	黎檬子	蕉子	覆盤子
櫨㕽子	繄彌子	羅望子	藤核子
藤韶子	關桃子	懸鈎子	臙脂子

註二　此處所稱的「木瓜」，是中國原產薔薇科的多年生大灌木、並非近代從外國引入的「番木瓜」（Papaya）。請參閱本書第 31 篇的〈木瓜與番木瓜〉。

註三　關於陽桃，《本草綱目‧果之三‧五斂子》：「五斂子出嶺南及閩中，閩人呼為陽桃。其大如拳，其色青黃潤綠，形甚詭異，狀如田家碌碡，上有五棱如刻起，作劍脊形。皮肉脆軟，其味初酸久甘，其核如柰。」書中另一篇《果之五‧獼猴桃》：「獼猴梨、藤梨（《開寶本草》）：其形如梨，其色如桃，而獼猴喜食，故有諸名。閩人呼為陽桃。」有趣的是，兩種完全不同形態的水果，於同一地方（閩，即福建），使用相同的名字。這種情況，就是「異物同名」、「同物異名」、「一物多名」與「古今不同」引起混亂的毛病。

31 木瓜與番木瓜

　　同物異名，與異物同名，以至一物多名，都會在資訊溝通上引起誤會，這種情況在植物名錄也會發生。近二、三百年，全球各洲陸續開發，國際交通擴展，令各地不同民族間的聯繫增加，混亂的機會因而更多。中國原產的木瓜，與熱帶美洲傳入的番木瓜，就是一例。

木瓜

　　最早見於中國古籍《爾雅·釋木》：「楙（音茂），木瓜」。據西晉·郭璞的註釋：「木實如小瓜，酢而可食」，故取名「木瓜」，即其果實類似小甜瓜之意。二千五百多年前的《詩經·衛風》，就有：「投我以木瓜，報之以瓊琚（即美玉）。」的記載。因其花及果皆香，故古代多植於庭園中。木瓜別名「鐵腳梨」，五代十國時期（公元十世紀），陶穀的《清異錄·百果門》：「木瓜，性益下部，若腳膝筋骨有疾者，必用焉，故萬家號為鐵腳梨。」按現代植物分類，它是薔薇科的落葉小喬木，學名 *Chaenomeles sinensis*。其葉長卵形，四月開花，色紅艷。果實橢圓形，有微香，但味澀而酸，故蜜漬之而食。它多見於華北，華中及華南各省間有栽種。中醫藥有一名物——「木瓜丸」，主治祛風散寒，除濕通絡

薔薇科的「木瓜」，原載於《農政全書·樹藝·果》。

之用，其中就以木瓜配合其他中藥浸製而成。

　　木瓜有一種同屬薔薇科，親緣很近的溫帶果木——榅桲，亦稱「木梨」，廣植於中國西北部、中亞和地中海地區，英語作 Quince，學名 *Cydonia oblonga*。原產於地中海克里特島（Crete）的 Cydon 地區。古代的希臘人和羅馬人，均認為它具有擋災的神奇力量。其果實含有大量膠質，是製造果醬、果子凍（Jam and Jelly）的上佳材料。西歐地區一種常用果醬——Marmalade（橘子醬），就是從葡萄牙語 Marmelada，即 Marmelo 變化而來。Marmelo 在當地的意思是榅桲，將之加工製成的果醬稱 Quince's Jam。

番木瓜

　　現今廣東人所稱的「木瓜」，是番木瓜科的多年生果木，學名 *Carica papaya*。它原產於墨西哥和

中美洲地帶的常綠果樹，自古以來，為土著食用的水果。在十六、十七世紀，由葡萄牙和西班牙殖民者分別將它傳至世界各熱帶地區。至十七世紀左右，傳入中國東南沿海及台灣地區。由於傳入地區不同，於是出現了「萬壽果」、「蓬鬆果」、「番瓜」和「番木瓜」的名稱。清·康熙二十一年（公元1682年），客遊廣東的學者吳綺，在其《嶺南風物記》中說：「卍（音萬）字果，出廣州，亦名蓬松果，樹木高數丈。如桄榔……，果作卍字形，字畫方正，蒂在卍字之中，生食香甘可口。」與此同時，其友人屈大均也詠之以詞：

「一樹蓬鬆，身如井上兩梧桐。雄樹生花雌結子，鴛鴦似，不是多情爭有此。」（《騷屑詞·南鄉子·蓬鬆果》）

此外，屈氏在《廣東新語·草語·瓜瓞》說：「有番木瓜，產瓊州（即現今海南島），草本也，而形似木，高丈許，隨其節四季作瓜，一節數瓜。以醬製之，味脆雋。」這是廣東最早關於番木瓜的記載。

與此同時，番木瓜也傳入台灣。清·康熙二十四年，蔣毓英編修《臺灣府志》卷四〈物產·果之屬〉載：「木瓜，俗呼寶果，樹與白萆麻相似，葉亦彷彿之，實如柿（這點不正確），肉亦如柿，色黃味甘而膩，中多細子。」

至乾隆年代的《臺灣志略》說得更清楚：「番木瓜，直上而無枝，高可一二丈，葉生樹杪，結實靠幹，墜於葉下。或醃或蜜，皆可食。樹本去皮，醃食更佳。」

其後的廣東《肇慶府志》和吳其濬的《植物名實圖考長編·卷十六·果》，分別有「萬壽果」和「番瓜」的名稱。

1956 年的《廣州植物誌》，確定「番木瓜」為其正式名稱。在香港，1960 — 2012 年期間出版的《香港植物名錄》各冊，以及近年的《香港植物誌》，均以「番木瓜」作為正式名稱，英語則名為Papaya、Papaw 或 PawPaw。據稱是墨西哥原產地的俗名，其意義不明。

番木瓜的生長和種植

番木瓜是喬木狀草本，可高達 8 米，但其幹較脆弱，通常不分枝，全株多乳汁。葉大，近圓形而作掌狀分裂，葉柄長而中空。它的花朵較特別，是「雜性花」(註一)。雄花無柄，排列於一長而下重、長達 1 米的圓錐花序上，聚生、草黃色。雌花幾無柄，單生，黃白色。果矩圓形，熟時外皮呈橙黃色，果肉厚而軟，黃色，肉壁生長很多黑色的種子，其外圍有一層透明的假種皮，花期全年。

番木瓜的植株，按它的性別，可分為三個類型：一、雄株；二、雌株；三、雌雄同株。

栽種番木瓜的人都喜歡多雌株，因雌株結果量多，果大。雌雄同株的結果量較少，果的大小和形態也不一，但果形多為長圓形，皮薄而味甜。

人們最不喜歡雄株——即木瓜公。由於木瓜公只有雄花，沒有雌花，植株長得很瘦長，一般都不能結果。人們種木瓜時，待成長開花後，如是木瓜公，就把它砍去。不過，有時木瓜公也能結果，一串串長的果柄上，長着幾個瘦長的瓜，食之無味。

番木瓜生長迅速，播種後一年即能開花結果，惟不耐寒，遇霜

易凋（從這角度來看，萬壽果的稱謂，是名不副實。不過，原意可能指它有益健康，多食可得長壽）。成熟的果實除可直接作果品外，生青（未熟）的亦可供蔬食（如煲湯），或浸漬用。此外，從青果裏流出的乳汁含木瓜素，有軟化蛋白質的功能。在人工合成的「鬆肉粉」通行前，粵式食肆多採用它作「鬆肉劑」，將其與肉類腌浸，令肉質軟腍鬆化。在

番木瓜（照片提供：葉子林）

1930 — 1980 年代，其乳汁也用以作香口膠的原材料。

本港食用的番木瓜，近年多來自東南亞國家，只有小量「青果」，由鄰近廣東或本地供應作菜餚用。

結語

由於「木瓜」一名長期在粵港澳地區流行，故此，它的正確名稱「番木瓜」，相信難於民眾的日常生活中「坐正」了。

註一　番木瓜的花朵是雜性花，有些是雌雄同株，有些是雌雄異株。所謂雌雄同株，就是同一植株上有雌花和雄花。而雌雄異株，是指有些植株上只有雄花，或只有雌花。只有雄花的植株叫做雄株，而只有雌花的植株叫做雌株。雄株俗稱為「公」，雌株為「母」或「嫲」。

32 社交果品——檳榔

　　昔日粵港澳地區的童謠，很多是反映當時社會生活的實況，例如最流行的《月光光》：「月光光，照地塘。年卅晚，鍘（鍘音扎，意為用鍘刀切開）檳榔。檳榔香，買子薑……」第二句就顯示檳榔在當時居民生活中的功用。

　　長久以來，廣府人就有食（咀嚼）檳榔的習慣。除了作零食外，它也是社交禮儀用品，尤其祭祖、迎親、宴會上都不可或缺。上述「年卅晚，鍘檳榔」，就是用鍘刀切開乾檳榔子，作年初一迎喜神之用。

　　食檳榔不單在粵港澳地區流行，在中國南方幾個省份，包括福建、海南島、台灣和南洋各地華人社區都很普遍，所以在這些地區栽培面積頗廣，對當地經濟有一定貢獻。不過，二戰後衛生當局指出，嚼檳榔會引致口腔病，故食用者逐漸減少。

　　檳榔，是棕櫚科的常綠木本，外形跟桄榔與椰子相似，中國古代統稱為「檳木」（檳音亦）^(註一)。它高 10 — 18 米，其幹似巨型的竹，直立無分枝。葉聚生於幹的頂部，為羽狀複葉。肉穗花序生於最下一葉的鞘束之下，花序外有倒卵形的大苞片，花在其中展開，每年開兩次，分別在三月和八月，結成青色如小雞卵的果實，

成熟時變為黃色。果實仍青綠時採下來，可咀嚼鮮食，加工處理後可作小食或藥用。

採摘檳榔果實，攝於 1996 年台灣台南

檳榔原產於東南亞熱帶海拔較低的地區，是赤道性植物，在南中國已屬其自然分佈的北緣，故只有雲南、海南島及台灣三省的南半部有生長。這些地區因冬季較乾燥，故其果實體積較南洋生長的略小，但品質較優。「檳榔」一詞源自馬來語 Pinang 的音譯，當地華裔聚居的大城市檳榔嶼（現稱檳城，馬來語 Pulau Pinang）也以此為名。它的學名 *Areca catechu*，當中屬名 *Areca* 也是馬來語，英語名稱則為 Areca-nut[註二]。古時它又名「仁頻」，是爪哇語 Jambi 的音譯。

食檳榔是東南亞各地古風俗，據說是因它能在人體內產生抗瘴氣的功用而起。李時珍在《本草綱目》稱它能「療諸虐、禦瘴癘」，並名之為「洗瘴丹」。各處的吃法大致相同，就是一塊檳榔，一塊蔞葉（即「扶留藤」，是胡椒科的蔓生植物，學名 *Piper betel*），一撮螺灰（或貝殼灰），捲起來放入口中咀嚼。據考證，泰國北部古代已有此食法。在南太平洋的圖瓦盧（Tuvalu）島，亦有此俗，只是

以胡椒葉代蔞葉，螺灰換作石灰而已。

　　中國古籍上有關食檳榔的記載，首見於東漢・楊孚的《異物志》。書中說：「以扶留（即蔞葉）、古賁灰（即貝殼灰）並食，下氣及宿食乃白虫消穀，飲啖設為口實。」可知食檳榔於二千年前已為當時廣東土著越族人的習慣，而後來粵諺亦有「檳榔浮（扶）留，可以忘憂」之句。

　　西晉・嵇含的《南方草木狀》（卷下），亦有關於檳榔生態的敍述，並說它「出林邑（今越南中部），彼人以為貴，婚族客必先進，若邂逅不設，用相嫌恨，一名賓門藥餞。」

　　到宋代，檳榔除了作為家庭嗜好品外，在兩廣亦漸漸作為招待人客的果品。由於需求增加，檳榔日漸商品化，海南島成為主要的供應區。除運銷兩廣外，更遠至福建泉州。當時栽植檳榔，每畝種幼樹約 100 株，植後四年開始結果，每株產實約 30 斤，可連續收

檳榔的果實

穫 30 年，此後需斬伐重植。種植者皆為海南土著黎族，販運者則多為漢人。關於當時食檳榔的風氣，宋代周去非的《嶺外代答·食檳榔》，有下列敍述：「客至不設茶，唯以檳榔為禮。其法：斫而瓜分之，水調蜆灰一銖許於蔞葉上，裹檳榔咀嚼，先吐赤水一口，而後啖其餘汁，少焉面臉潮紅，故詩人有醉檳榔之句。無蜆灰處用石灰，無蔞葉處只用蔞藤，廣州又加丁香、桂花、三賴子諸香藥，謂之香藥檳榔，唯廣州為甚。不論貧富長幼男女，自朝至暮，寧不食飯，唯嗜檳榔。富者以銀為盤置之，貧者以錫為之，晝則就盤更啖，夜則置盤枕旁，覺則啖之，中下細民，一日費檳榔錢百餘。有嘲廣人曰：路上行人口似羊，言以蔞葉雜咀終日嚼飼也，曲盡啖檳榔之狀矣。每逢人則黑齒朱唇，數人聚會，則朱殷遍地，實可厭惡。」

元、明兩代，檳榔的生產和運銷繼續，帶動了海南島航運的發展，官府的稅收亦因而增加，對海南島的開發，有一定貢獻。

清代社會食檳榔風氣更盛，《廣東新語·木語·檳榔》，對其品種、產銷、風俗等，有頗詳細的記載，當時市場有下列品種，各有特色，銷路亦各異：

檳榔青，即春天收成的未熟青皮果，故又名「軟檳榔」，主銷海南島；

檳榔肉，即玉子（胚乳），又名「熟檳榔」，主銷廣東西部的廉州、欽州、交趾（越南北部）等地；

棗子檳榔，熟連殼的乾果，主銷廣東中西部的高州、雷州、陽江、陽春；

檳榔鹹，即鹽漬檳榔，主銷廣州、肇慶；

乾檳榔，乾製後，小如香附者，主銷惠州、潮州、東莞及順德。

除食用外，檳榔更有其他用途，就是用作社交、婚嫁和祀神。關於這方面，《廣東新語》又說：「粵人最重檳榔，以為禮果。款客必先擎進，聘婦者（即已接聘禮並訂婚約之女子）施金染絳以充筐實。女子即受檳榔，則終身弗貳，而瓊（海南）嫁娶，尤以檳榔之多寡為辭。有鬥者，甲獻檳榔則乙怒立解，至持以享鬼神，陳於二伏波將軍（西、東兩漢先後平定南越的路博德和馬援）之前以為敬。蔞（葉）與檳榔，有夫婦相須之象，故粵人以為聘果。尋常相贈，亦以代芍藥。」在潮州，新春客人來拜年，桌上必放檳榔和柑桔，取「賓臨大吉」之意。

由於食檳榔成為時尚，廣州更出現了盛載它和配料的精品——檳榔盒。這些小盒以金屬製造，普通的用錫，盆內分兩層，上層放檳榔、蔞鬚、灰料，下層貯蔞葉。食時先取檳榔，再取蔞鬚、蔞葉、灰料，按此次序包裹。更有一些用龍鬚草織成的「檳榔包」，盒是放在家中使用，包則隨身攜帶，猶如近代吸煙人士的煙盒和打火機。

此外，《廣東新語》對檳榔的名稱，有下列解釋：「賓與郎皆貴客之用，嵇含言（指《南方草木狀》），交廣人客至，必先呈此果，若邂逅不設，用相嫌恨，檳榔之義，蓋取諸此。越（即粵）謠云：一檳一榔，無蔞亦香，扶留似妾，賓門如郎，賓門即檳榔也。」檳榔之名由馬來語音譯而來，復巧妙地配以中文之義，確是譯名的

佳作。

　　香港開埠後，食檳榔之風由廣州傳入。據本港已故的掌故家梁濤（筆名魯金、夏歷等）在《香港生活史話》（載於報刊）稱，二次大戰前，港九街頭都有賣檳榔的固定攤檔，將檳榔鍘開一小角，用青蔞葉包着來賣。有些顧客更加辣醬或糖椰絲同食，以添味道。另一方面，在酒席上，也有檳榔（炒熟或油炸）奉上，作餐前開胃小點（亦可解酒醉）。但要另外計價，和芥醬一同作為夥計（服務員）的「下欄」（小費），兩者合稱為「檳芥」，有些酒家為招徠顧客則免加收，並在菜單上註明「茶檳芥免」。

　　1937 年，日本全面侵華，沿海各省，包括海南島，先後淪陷，民生困苦，米糧不足溫飽，對這些嗜好品，更無力購買了。戰後初期，仍然有零星幾檔在街頭擺賣，但這風氣逐漸被香煙及香口膠等所取代。不過，在酒席菜單上，尚留下「茶檳芥免」的舊習。

　　食檳榔的習俗，在清代中葉，隨福建和廣東人移居而傳入台灣，最初的藉口為防瘴氣。由於台灣南部原有此植物生長（當地稱為「菁仔」），所以食檳榔的風氣漸蔓延全島。關於這段史實，該省方志多有記述。例如清‧康熙三十五年，高拱乾編修的《臺灣府志》：「向陽曰檳榔，向陰曰大腹，實可入藥。實如雞心，和荖藤食之，能醉人，可以袪瘴。人有故，則奉之為禮。」乾隆十七年，王必昌的《臺灣縣志》則載：「鄰里詬誶（爭執），親送檳榔，事無大小，即可消釋。」可見其在社交上的重要性。

　　1895 年，日本佔領台灣省，厭惡當地居民到處吐檳榔汁的陋習，下令禁止在公共場所食檳榔，但在私人地方，「食客」仍然不絕。

果品類

1990 年代台灣街頭的檳榔攤檔

台灣光復後，禁令取消，食檳榔的習慣死灰復燃。不久，隨着全省工業化和城市化，社會各階層以「舒減工作壓力」為藉口，吃者更多，大小市鎮售賣的攤檔林立。據 1998 年統計，食檳榔的人，佔全省人口四分之一，當地俗稱為「紅唇族」，檳榔則稱為「台灣口香糖」。而種檳榔與蔞葉，亦成為該省農業支柱之一，農戶稱之為「綠金」。

因為食檳榔的緣故，台灣多年前出現了一則笑話。一個初次到台灣的外國遊客，乘計程車（的士）時，遇到一個愛嚼檳榔，又慣於隨地吐汁的司機，令他以為中國人真的「刻苦耐勞，鞠躬盡瘁」得連「吐血」仍不忘工作！

不過，醫衛界人士不斷指出，食檳榔不僅損壞牙齒，更會引致

口腔癌。1996 年，台灣大學醫學院研究報告指出，口腔癌已成當地十大癌症死亡率的第七位。而當地政府亦呼籲民眾棄此陋習，自該時起，食用者逐漸減少。

回顧檳榔過去二千年在中國社會種植及食用的歷史，它由起初作為抗禦瘴氣的草藥，升格為禮儀之果，逐漸變成消閒小食，最後卻成為對人類健康有害的半麻醉藥品，是世界經濟作物發展史上的一個獨特例子。

註一　根據中國植物學會編，1994 年中國科學院出版社刊行《中國植物學史》第二章第二節：古書《爾雅》中的植物分類。

註二　檳榔，英語作 Betel-nut，是葡萄牙人的誤導。因為檳榔不是蔞葉（betel，屬胡椒科）樹的果子，而是棕櫚（areca，屬棕櫚科）樹的果子。其所以稱檳榔為 Betel-nut，是因為在東南亞一帶，用 betel pepper 樹葉（胡椒科）捲着 areca（棕櫚科）的果子來咀嚼，葡萄牙人就簡單地稱這種吃法為嚼 betel-nut。筆者認為，檳榔果實的名稱應為 Areca-nut。

果品類

33 熱帶寶樹——椰子

　　香港居民隨團到東南亞國家旅遊，專車在中途小休，團友都會下車，購買水果或飲品解渴，其中最受歡迎的是即將成熟，外果皮仍然青色的椰子——椰青。果販用刀劈開其頂部，插入吸管，顧客就捧着它吸飲其清甜的汁液，解渴後再踏上旅途。

　　椰子是棕櫚科的常綠喬木，為熱帶濱海地區的重要果木，高20 — 30 米，只有一條直立的主幹，無旁枝，頂部叢生一束巨大的羽狀長葉。花為玉穗花，多分枝。果實橢圓而巨大，成熟時外果皮由青色轉褐色，中果皮為厚纖維層，內果皮為角質之硬殼，再內為果肉，含有脂肪層、水液和胚子。果肉乾燥後可製成椰子乾。此外，

椰青

切斷花柄後，流出汁液，可供製糖，也可以釀椰子酒。

　　椰子原產於太平洋美拉尼西亞（Melanesia）諸島嶼，後隨海洋潮水漂流至亞洲及非洲的熱帶濱海地區，包括中國的海南島。據清代李調元的《南越筆記》：「瓊州（今海南島）多椰子，昔在漢成帝時（公元前二十年），趙飛燕立為皇后，其妹合德獻珍物中有椰葉蓆，見重於世。」可知在公元前，海南島已有椰子生長。

　　關於椰子的名稱，《本草綱目・果》說：「漢代司馬相如的《上林賦》作胥爺。……又南人稱其君主為爺，椰名蓋取於此。」另一方面，椰子又有「越王頭」之別名。據《南方草木狀》稱，是因古代越南地區的南、北兩小國君主，互相殺伐的事蹟而起，書中載：「昔林邑王（今越南中部）與越王（今越南北部）有故怨，遣俠客刺得其首，懸之於樹，俄化為椰子，其核（即硬內殼）猶有雙眼，

椰子的植株與果實

林邑王憤之，命剖之（將頭顱骨橫割成兩截）為飲器，南人至今效之。」廣東省很多鄉村，至今仍依此習俗，以半個椰子硬內殼，鑲柄後作杓水用。[註一] 椰子的學名是 *Cocos nucifera*，*Cocos* 源自葡萄牙文 Coco，意為猴子，指其果實形似猴子的頭（與越王頭的傳說相同），而 *nucifera* 在拉丁文中意為產果實眾多。

椰子樹的用途很多。南洋各島嶼，土著以其樹幹建屋宇，樹葉作屋頂及紡蓆，或束其幹作筏，出海取魚；果肉作食料、製糖、榨油（椰子油）、果液釀酒。椰子的中果皮（通稱椰棕）富於彈性，為製棕繩、鞋刷、掃把的材料。在海南島，則用它的內果皮（硬殼）雕刻紀念品，果肉果汁款客。《廣東新語‧木》：「瓊人每以檳榔代茶，椰代酒。」在廣東，更用作婚嫁的聘禮物品，取其「有爺有子」之意頭，所以，從用途上說，椰子全身是寶。故此，人們稱它為「熱帶寶樹」。

椰子果實內殼頂部有孔，似人類與猴子

香港開埠初期，椰子產品於華人社會生活中有需求，大批椰子從南洋各埠運到港島，分銷給幾間小型店舖，供應居民作廉價果品和小食如「椰子夾酸薑」。它們起初位於上環，後移至西營盤。產品除作椰子片出售外，又加工成為椰子糖，有白色和黃色兩種。其中一間發展成為小工廠，稱為「甄沾記」，產品風行一時。直到二次大戰後，外國包裝精美的糖果輸入，其銷量縮減，後來更因經營方針問題，曾一度停業。不過，甄家後人在 2011 年將品牌重新上市，並取得一定成果。

　　另一方面，上述的椰子舖將椰皮（又稱椰棕）轉售給小商販，用鎚打扁，稱為「椰衣」，製成掃把。由於該等商販集中於西營盤近高街一處山坡經營，後來因城市發展，該處改建為小巷，命名「元勝里」，但鄰近居民仍長期稱它為「椰皮巷」。^(註二)

　　椰子樹的天然分佈地帶是從北緯 15°至南緯 12°之間。在中國，它只能在海南島和台灣南端生長結果。在香港，市區公園間有種植，但難以結果。

註一　西漢時代（公元前 202—公元 8 年），西域的游牧民族之一「月氏」（讀作肉支）應漢軍之邀，前後夾擊，大破匈奴。匈奴單于（首領）恨之入骨。後來漢朝內亂，匈奴趁機會進擊月氏，擒月氏君主，取其顱骨橫切，作為酒器。其行徑與林邑王相似。故此，宋代文人梅堯臣有詩詠其事：「魏公番禺歸，逢子燕江口，贈以越王頭，還同月氏首。」
　　　　另有傳說，以椰子的硬殼作水杓（音削，意指取水的器具），如水質有毒，則殼會爆裂。
註二　資料取自本港已故的掌故家梁濤（魯金）1970 年代報刊專欄《香港人須知》。

34 「南洋」異果說榴槤

　　香港是一個國際都會，交通便捷，世界各地的名產都運來銷售。本地居民可嘗到各國出產的水果，其中較獨特的，是南洋的榴槤。

　　戰後初期，香港居民對這種水果認識不多。1970年代末期，境外旅遊風氣興起，前往東南亞各國，較為方便，是熱門地區。他們去到馬來西亞、新加坡、泰國和印尼，看到當地人捧着這種外形古怪，果肉氣味難聞的水果，吃得津津有味，便嘗試食用，有些人更吃上了癮，於是榴槤便漸漸引入香港市場。

成長中的榴槤果實

榴槤是木棉科的常綠高大果樹，學名 *Durio Zibethinus*。它原產於馬來西亞原始森林，是紅毛猩猩、印度象最喜歡的食物之一。它的花是兩性的，有 3 — 5 個花瓣，雄蕊數目多，上部份為 4 — 5 束，每束分裂為許多細小的花絲。果巨型有粗刺，裏面有 4 — 5 室，每室有兩個種子，在種核的外面，黏着如淡黃色像泥的濃漿，這便是可食部份。它的滋味就在這裏，但強烈的氣味亦由此發出。初嚐此果的人，怕那些臭味，但吃後感到味道不錯，慢慢便嗜好成癖。

　　榴槤之名首見於中國書籍，是明代中葉的《瀛涯勝覽》，該書作者馬歡，是明成祖（朱棣）永樂年間（約 1403 年）「下西洋」船隊統帥鄭和的副官之一，負責記錄所到國家的經歷及當地民俗和風物。他在「蘇門答剌國」（今屬印尼）一章中稱：「……有一等臭果，番名賭爾烏（按即馬來語 Durian 之音譯，意為「有刺的東西」），如中國水雞頭樣，長八九寸，皮生尖刺，熟則五六瓣裂開，若爛牛肉之臭。內有栗子大酥白肉十四五塊，甚甜美可食，其中更有子，炒而食之，其味如栗。」描述這種異果的形狀及其氣味。

　　除印尼群島之外，榴槤亦廣佈於中南半島各國。十七世紀開始，廣東和福建兩省沿海的貧苦農民，因耕地缺乏，紛紛出洋，到南洋各國謀生。定居後，不少人都愛上了這種異果，並戲稱它為「留連」^(註一)。另一方面，據說十九世紀，新加坡及馬來西亞華裔人士有句土語：「榴槤出，紗籠脫」（紗籠是一種當地正規上衣；脫，即是拿去典當）。又有「榴槤出，衣箱空」，意思都是榴槤上市，口袋無錢也要典當衣服去買此果吃。清末廣東著名學者黃遵憲，到新加坡任領事時，也寫了一首詩，讚美這種異果：「絕好流連地，

榴槤的果肉

留連味細嘗，……都縵都典盡，三日口尚香。」（都縵是馬來土語，指衣服）從詩句中，似乎當年他也着迷於榴槤了。

榴槤現今在全球很多熱帶地區都有種植，但出口量以泰國最多，約佔全球總出口量約 3/4。泰國榴槤有多個品種，其果質和氣味各有差異，有些果殼薄，果肉大，肉質呈粉紅色，又甜又香，是最可口的上品。有些則殼厚實小，果肉呈黃色，無酒味且帶微苦，是次品，內行的只看果品外表就能分辨優劣。近年運銷本港的，多標榜是優良品種「金枕頭」。此果每年有兩造，每造約需 100 天始成熟，第一造是在 6—8 月，第二造是 11 月至翌年 2 月。每屆產期，果農在樹下搭茅寮守望，俟（等待）其掉落撿取，若為外銷則須提前摘取。泰國亦有將果肉加工，製成榴槤膏和榴槤糖銷售。

最近幾年，馬來西亞出產的榴槤也大量行銷港澳及廣東地區，品種眾多，著名的有「貓山王」及「黑刺」。除作果食外，更加工製成榴槤薄餅、蛋卷和榴槤蓉。據報導，馬國所產已差不多與泰國果品平分港澳市場。

由於具有經濟價值，台灣在二十世紀末曾經試植榴槤，植後約十年方開花，但都未能結果。

註一　關於榴槤的名稱，昔日有報刊記載了下列傳說：

榴槤，便是留連的意思，取自「流連忘返」的成語。據云，明代三保（亦作寶）太監鄭和下西洋（包括現今俗稱的南洋），隨從的兵員不少，有一批被派駐守南洋，他們雖喜其地氣候溫和，但思鄉情重，常高呼：「我們要返唐山」，令鄭和很頭痛。躊躇間，忽然想起這種當地人喜吃的果實，於是便叫人買了一批回來讓大家分享，沒想到吃後個個都讚好，而且越吃越想吃，漸漸地不再思家了。鄭和很高興，覺得此果令他的部下流連忘返，於是便稱之為「留連」以作紀念，後以此果為木本，所以寫作「榴槤」。

上述顯然是附會之作，不過，作者確有創意！

35 釋迦與蓮霧

　　從本書前部關於「菩提子」的討論，我們已看到同名異物所引起的混亂。同樣地，同物異名，也會引致相似的情況，例如菠蘿與鳳梨、番石榴與拔子。近幾十年，更出現了番荔枝與釋迦，以及南洋蒲桃與蓮霧，兩者都與栽培技術改進有關。

釋迦的「大躍進」

　　十六世紀初，西歐航海國家——葡萄牙、西班牙和荷蘭，先後來到南洋地區及中國東南沿海，他們把較早前在非洲和南北美洲發現的經濟植物也引入。因傳入各地的環境不同，品種命名各異，其中一種來自南洋，馬來語稱為 Srikaya 的果木，傳入廣東時，本地人以其果體雖然較大，但果皮形狀有點似土產水果荔枝，因它來自番邦，所以叫它

番鬼荔枝（照片提供：葉子林）

做「番荔枝」（或「番鬼荔枝」）。另一方面，傳入台灣後，當地居民則覺得其果實成熟時，頗似滿覆螺髮髻團的釋迦牟尼頭像，故稱為「釋迦」或「佛頭果」。^(註一)

番荔枝是番荔枝科的落葉小喬木，學名 *Annona squamosa*。其植株多分枝，葉披針形。花單生，青黃色。果實呈球形或心臟形，直徑約 4 — 8 厘米，外皮是黃綠色，由多個圓形的心皮合生而成。果肉有點像蘋果但較甜，成熟時肉質變軟，故英國人稱之為 Sugar-apple。

番荔枝傳入廣東及台灣後，其受歡迎程度都不及同時期引進的菠蘿（鳳梨）。但到了二十世紀，經過果農的智慧和努力，令品質得到很大的改進，經濟價值亦相應提高。近年，台灣當局幫助農民設立各種的培訓和產銷課程，以保持果品的優勢。當地更有學者在報章專欄記述了其轉變的經過。

釋迦引進台灣初期，種植者不多。日治時代未受重視，二次大戰後亦未見推廣。大約在 1970 年代末，當地的菠蘿、柑橘種植式微後，才以替代作物形式出現。但因其天然成熟期在夏季，果實雖然甜美，卻易因天氣炎熱，引致果實軟爛，裝運困難，外銷價值低。

天無絕人之路，在產季調節以及「冬期果」的出現，是釋迦崛起的關鍵。台灣夏季多颱風，被風颳斷枝葉的釋迦植株會長出新梢，再次開花，並延至冬季結果。由於該段時期天氣涼爽，釋迦不易落果，同時亦較耐存放，反成優勢。於是台東和台南的果農刻意剪枝，斬掉重練，延後花期，使一年有夏、冬兩穫。到 1990 年代中期開始，台東從以色列引進「鳳梨釋迦」^(註二)並按上述方式種植，

釋迦果實外皮、果肉及種子

產品大受國際市場歡迎,該地逐漸發展成全球最重要的釋迦產地。

經過三百多年的「馴化」,並遭颱風肆虐而因禍得福,外來的釋迦終於在台灣轉型再生,既「適」且「佳」。

鮮艷的蓮霧

台灣的現代農業,在日治時期已打下基礎,光復後的發展也不錯,台南更是園藝基地。1960年代,將較早前引進的番石榴和洋蒲桃,將之優化,並以新名字:「芭樂」和「蓮霧」現身市場,前者已在本書第23篇〈石榴、安石榴與番石榴〉談過,後者在此略述。

洋蒲桃是桃金娘科的常綠喬木,學名 *Syzygium samarangense*。原產於馬來半島及印尼,由外國人引入華南,故稱「洋蒲桃」,英語則作 Malay-apple 或 Java apple。它的樹形優美,葉光亮而呈深綠色,初夏開白花。結成梨形的漿果,果皮淺紅色,光亮如蠟,鮮艷

奪目。果肉多汁但味淡。加以果肉質軟，令採集及運輸困難，銷路不廣。1970 年代起，台灣果農除選種外，更用修剪、刻皮、斷根、遮光、浸水藥劑與施肥等方法「催花」，育成果形較大、較堅實而肉質較甜的冬季果，並以原產地的馬來名 Jambu 音譯為「蓮霧」推銷當地市場，大受歡迎。惟因果肉水份多，越洋運銷仍有困難，故本港市面較少見。

　　洋蒲桃極少在香港種植。昔日，九龍佐敦道拔萃女書院大門前，曾有一株生長，每年六月果熟時，葉綠果紅，景色奪目，成為該處地標。不過，每當果熟透落地，流出的汁液令道路濕滑，途人需繞道。及至千禧年，因受颱風吹倒而斬伐，地標從此消失。2008 年出版的《香港植物誌》英文版第二卷，已將此品種除名。[註三]

子彈型蓮霧

南洋蒲桃（蓮霧）

果品類

註一 　清代王大海《海南逸志》，為幾種南洋水果土名列出漢語對音詞 / 譯名：

原名 / 土名	漢語對音詞 / 譯名
染霧（Jambu）	蓮霧（台灣）；水色香櫻桃、洋蒲桃（廣東、福建）
紅毛丹（Rambutan）	韶子
望吃（Manggis）	倒捻子（即山竹）、莽吉柿
絲裏喀（Srikaya）	番荔枝（廣東）；釋迦、佛頭果（台灣）
些六（Salak）	沙臘果
流連（Durian）	榴槤
霧揮（Duku）	杜古果（即香港近年有售的蘆菇）

註二 　鳳梨釋迦為釋迦與冷子番荔枝的人工雜交種，果肉相連，不易分離，食用時必須削皮切塊，糖度可達 23 — 30 度，籽不多，風味佳，售價高，在台灣為農曆新年送禮的高檔水果。近年外銷至中國香港、中國內地、新加坡和日本，成績斐然。英語作 Custard apple。

註三 　2020 年 5 月 26 日，有一位市民投稿到報刊，指出九龍城太子道與科發道交界處一所花園洋房牆界內，有一棵高約 10 米的洋蒲桃。筆者隨後前往觀察，見該樹不久前曾深度修枝，相信不久將重新發枝結果。

36 被遺忘了的果品

在過去半個世紀，香港社會結構、經濟發展、居民消費模式和愛好，均有頗大轉變。另一方面，由於水果品質的改進，新品種的出現、運輸和冷藏設備的完善，以及推廣和宣傳的普及，大大改變了本港果品市場的面貌，有幾種本地果品，因銷量減縮而消失於市場，下面就是被市民遺忘了的幾種：黃皮、蘋婆、沙梨和楊梅。

黃皮

黃皮是芸香科的常綠中型喬木，別名「黃枇」、「黃彈子」，學名 *Clausena lansium*。它原產於華南，其名首見於宋代范成大的《桂海虞衡志·果》：「黃皮子，如小棗。」。同時期周去非的《嶺外代答·花木門·百子》：「黃皮，子如小棗，甘酸佳味，稍耐久，可致遠。」由此可知其栽培歷史已超過一千年。它的枝葉較疏，通常在二、三月間開花，結成長橢圓形的漿果。其特點是含白蠟的黃色果皮，果肉薄，緊貼於核外。人們進食時，可用咀嚼式或唧出從果皮透出的果肉，食後才吐出果核。如果未熟透，進食則較麻煩。昔日廣東人形容這種情形為「啜到嘴都長」。但是，鳥類則可飛到樹上，選擇適度成熟的果粒來吃。鳥類中的鷯哥（俗稱「了哥」），在這方面最拿手。因此，比喻一些專門向熟人騙取錢財者，廣州話

黃皮的果實，七月初成熟。

鷯哥（了哥）

有一句歇後語「黃皮樹鷯（了）哥，唔熟唔食」。

黃皮與荔枝的果熟期相近，荔枝肉厚，多食易滯，黃皮肉薄兼微酸，卻能幫助消化，故昔日有「饑食荔枝，飽食黃皮」的諺語。另一方面，清‧乾隆年代趙學敏《本草綱目拾遺‧果》稱，廣東有一種野果名「白蠟子」：「與黃皮果絕相似，而味尤勝。」故諺語有云：「黃皮白蠟，甜酸相雜。」

近二、三十年，世界各地果品輸港者大增，品質一般頗高，有部份更是經雜交或基因改造，果肉特大厚而甜。相比之下，本地黃皮食用者減少，現今市場上售賣的，多是泰國出產的「白糖黃皮」，肉厚味甜，廣東產品已失去市場主導地位。

蘋婆

　　1960 年代以前，每年到農曆七月乞巧節（即七夕）前後，本地街市攤檔便有一種像龍眼核的果仁售賣，煮熟後撕去紫黑色的「衣」（外種皮），再剝去淡褐色的中種皮，看見裏面雞蛋黃色的果實，就是其香甜可口，營養豐富的種仁。主婦喜用來炆雞或豬肉，代替秋冬才上市的栗子，它就是珠江三角洲一種頗常見的栽培果木——蘋婆。

　　蘋婆原作「頻婆」，它分佈於亞洲的亞熱帶地區，包括中國和印度。它在中國生長的記載，首見於宋代《嶺外代答・花木門・百子》：「頻婆果，（果皮）極鮮紅可愛。佛書所謂唇色赤好如頻婆果是也。」頻婆之名，是梵文 *Bimba* 的音譯。元代大德年間（公元1297 — 1307 年），陳大震等編的《南海志・物產・果》記載：「頻

蘋婆（鳳眼果）

婆子實大如肥皂核，煨熟去皮，味如栗。本韶州月華寺種，舊傳三藏法師在西域攜至，如今多有之。頻一作貧，梵文謂之叢林，以其葉盛成叢也。」明代《本草綱目》和清代的《廣群芳譜》則指柰（音耐，即蘋果）就是頻婆，但其描述及圖像均與頻婆不符，相信是因柰亦引自西域，頻婆與蘋果，兩者音近，故此混淆。

蘋婆在廣州又名「鳳眼果」。這名稱在清代吳其濬《植物名實圖考長編・果》有記載：「頻婆如皂筴子，皮黑肉白，味如栗，俗呼鳳眼果。」這是從果實、種子的形態和顏色而命名。因為它的果筴成熟時鮮紅色，開裂後露出黑褐色種子，有如鳥的眼睛一樣，古代民間相傳鳳凰為吉祥之鳥，是喜慶的象徵，故有此別名，也是「避諱」的另一例。

蘋婆是常綠喬木，葉大而呈橢圓形。它的葉久蒸不爛，是包「裹蒸粽」的好材料。它的花單性，有雌花、雄花之分。花初開時白色，後轉為淡紅色，鐘狀且下垂，像一個小燈籠。它的一朵雌花可以結五個果，是因為它是由五個心皮構成的，授粉後，每個心皮都可分別發育成果，但通常只有兩個或四個心皮能成果。清代吳震方的《嶺南雜記》曾對它的果實作了很俏皮的比喻：「頻婆果如大皂筴，筴內鮮紅，子亦如皂筴子，皮紫，肉如栗，其皮有數層，層層剝之，始見肉，故此有『九層皮』之名，彼人詈（音荔，意為側面罵人）顏厚者曰頻婆臉。」

此外，往昔廣州人亦稱它為「七姐果」。由於當時民間風俗，在農曆七月七日「乞巧節」時，未出嫁的少女，用蘋婆來祭祀天上女神——七姐，祈賜良緣，所以便有此名。另一方面，因「頻」與

「貧」同音，意境不佳，故改寫為「蘋」。

在植物分類上，它是屬於梧桐科，蘋婆屬，學名 *Sterculia monosperma*。該屬植物在世界各處共有近 100 種。按 *Sterculia* 源自 Sterculius，是古羅馬神話中專司糞便之神，此處是指本屬中有些種類的葉和果，腐爛時有臭味。以前亦有人說：「蘋婆雖然美味可口，但吃後翌日多放屁。」可能與此有關。此屬植物在香港生長的只有兩種，除蘋婆外，另有一種名為「假蘋婆」或「假七姐果」（學名 *Sterculia lanceolata*），是一種很常見的野生樹木，鄉村風水林中尤多。其形狀和蘋婆大致相似，但葉和果實則較細，夏、秋間熟時變成紅色，很易辨認，雀鳥尤喜啄食。

沙梨

明代李時珍在《本草綱目·果》說：「木實曰果，草實曰蓏（音裸，意指瓜類的果實）。熟則可食，乾則可脯。豐儉可以濟時，疾苦可以備藥。輔助粒食，以養民生。故《素問》（是現存最早的中醫理論著作，約成書於戰國時期）云：五果為助。五果者，以五味、五色應五臟，李、杏、桃、栗、棗是矣。」由此可知，梨在中國古代果品中的地位不高。他又引用另外兩位草藥家的話來解釋：「（元·朱震亨）梨者，利也。其性下行流利也。」。又（南北朝·（劉）宋·陶弘景《名醫別錄》）：「梨種殊多，並皆冷利，多食損人，故俗人謂之快果，不入藥用。」

梨與蘋果、桃、杏等果木，同屬薔薇科，它們都起源於溫帶地區。中國的梨類生產地區主要在華北。在二次世界大戰前，本港

市民能食到的，除了少量的天津雪梨外，只有廣東惠州的沙梨。前者是橢圓形，外皮黃色而肉質疏鬆，後者則是圓形，外皮呈褐色，肉質較硬，入口時像一堆細沙粒，故稱「沙梨」，學名 *Pyrus*

沙梨

pyrifolia。沙梨全省都有生產，但以惠州淡水鎮所產最為著名，故稱「淡水沙梨」。清代《植物名實圖考長編·果類》稱：「淡水梨產廣東淡水鄉，色青黑，與奉天（東北遼寧省）所產香水梨相類。南方梨絕少佳品。」

　　廣東省有些地區，因土質瘦瘠又少施肥，所產果實者，肉質堅硬，有如建屋的青磚，故人們稱之「青磚沙梨」。後來有人想出一個變通的食法，就是將果肉切成小塊，用糖和醋醃成「甜酸沙梨」，令肉質變軟，成為一種街頭小食。於是，廣州話便出現了「青磚沙梨，咬唔入」的歇後語，用來形容吝嗇又尖酸刻薄的人。而且，你若想佔他半點便宜，反被其着了先機，有時更被他奚落。二次大戰後，由於各地輸入的品種（如新疆香梨、日本水晶梨等）漸多，沙梨只偶爾在本地一些小攤檔出售，這句俗語也漸被人遺忘。

　　順道一提，中國人年節送果品給親友，多不選梨，因「梨」與「離」同音，意境不佳，又是忌諱的一例。明·陸容《菽園雜說》卷一：「民間俗諱，各處有之，而吳中（浙江地區）為甚。如舟行諱『住』、諱『翻』，以『箸』為『快兒』（筷子）……諱『離散』，以『梨』為『圓果』。」

楊梅

　　蘇軾是北宋的大文學家，他的才學雖然很高，但仕途卻很崎嶇，後來更被政敵陷害，貶謫到廣東惠州做個小官。但他為人豁達，除了辦好份內政務外，亦留意地方風物，並將之記錄，例如有關竹類和荔枝的詩詞，傳誦至今。有一次，他到惠州附近的羅浮山（廣東四大名山之一）遊覽，寫下了一首詩，吟詠附近的果木：「羅浮山下四時春，盧橘楊梅次第新」。「盧橘」即「枇杷」，意思就是枇杷在三月初過造後，楊梅便接着在四月上市。此外，又有一首描述楊梅生態的詩：「南村諸楊北村盧，白花青葉冬不枯，垂紅綴紫煙雨裏，特與荔枝為先驅」。由此可知，他對楊梅這種果木印象深刻。

楊梅

楊梅，據李時珍《本草綱目・果・楊梅》說：「其形如水楊子（即蒲柳）而味似梅，故名。」它是楊梅科的常綠小喬木，學名 *Morella rubra* [註一]。它高 6 — 10 米，葉聚生於枝頂，革質，倒卵狀矩圓形，邊緣有疏鋸齒，長 5 — 12 厘米，寬 2 — 3 厘米，兩面均禿淨。三月份開黃白色的花，五至六月結球狀之核果，直徑 1 — 1.5 厘米，熟時深紅色，味甘而帶酸，可生食、蜜餞或榨汁作飲料。樹皮含單寧，可作褐色染料，又有固色作用。木材堅實，難割裂，故只能用作柴薪。

楊梅廣泛地分佈於中國長江流域及其以南地區，朝鮮半島和日本較暖的地方亦有生長。它在中國的栽培歷史頗久，西晉時期的《南方草木狀》已有記載。另一方面，江蘇和浙江等省份早有栽培作果品，以會稽（今紹興市一帶）所出最有名。關於它的名稱、品種、加工和效用，《本草綱目・果・楊梅》有下列敍述：「……五月熟，生白，熟則有白、紅、紫三色。紅勝於白，紫勝於紅。凡楊梅顆大核細為上，鹽藏，蜜漬，糖製，酒浸皆佳，可致遠。……味酸、甘、微熱、滌腸胃，除煩憒惡氣。久食損齒及筋，發瘡致痰。」

古時文人喜用楊梅作為詞語對偶。例如蘇軾《東坡集》：「客有言：閩廣荔枝，何物可對者，或對西涼葡萄，予以為未若吳越楊梅。」又如南宋・張端義《貴耳集》：「閩士赴科（參加官試），吳人赴調（轉任新職），各以鄉產自誇；閩曰荔枝，吳曰楊梅。」有題壁曰：「閩鄉玉女含冰雪，吳郡星郎駕火雲。」

在香港，認識楊梅的人不多。在 1950 — 60 年代，每年五月，市面上亦有用小竹筐盛載，從浙江一帶運來紫紅色的鮮楊梅發售。

不過，似乎不合本港市民口味，近年已甚少見。

在香港山嶺，間中亦可見野生的楊梅。外國人以其果頗似草莓，但為木本，故稱之為 Strawberry tree。生長最多的，是獅子山北麓九龍組水塘引水道一帶，該處有一山坳名為「楊梅坳」，老樹頗高，但果實並不太大。而接近獅子山隧道入口處，有一山窩名「紅梅谷」，亦因昔日多楊梅生長而得名。此外，大埔林村河下游兩邊山谷，亦有不少楊梅生長，故有「梅樹坑」的地名。

註一　楊梅昔日的學名為 *Myrica rubra*，近年植物學者根據最新資料，將其改為 *Morella rubra*。

花卉類

37 杜鵑花的**傳奇**

　　有關花卉與果木的歷史故事很多，其中過程曲折、主角多變的，莫過於杜鵑。它原是人，死後轉生為雀鳥，最後更變成野生花木。

杜宇

　　據東晉（公元四世紀）常璩《華陽國志·蜀志》，杜宇，號「望帝」，是古代蜀國巴郡（今四川省東部）的君主。由於他治國無方，又未能應付大水災，國內哀鴻遍野，被迫禪位給宰相。稍後，又被揭發曾與大臣的妻子私通，聲名狼藉，惟有避居深山，最後憂鬱而亡。死後轉生為「杜鵑鳥」（又名「子規鳥」，俗稱「怨鳥」），日夜悲啼，其聲淒怨，最後竟至吐血，血染山上野生灌木，變為花朵，成為杜鵑花。

　　這段歷史故事，成為後代文人吟詠的對象，包括唐代的白居易、元稹、杜牧與李商隱，還有宋代的梅堯臣和王安石等。當然少不了唐代原籍四川巴郡的大詩人李白。他晚年時，曾到宣城（今屬安徽省）遊覽，該處以山水優美，而出產的「宣紙」更是文房四寶中的名物。他在該處看見杜鵑花開放，於是寫下題為《宣城見杜鵑

花》的七言絕句，以表念鄉之情：「蜀國曾聞子規鳥，宣城還見杜鵑花。一叫一回腸一斷，三春三月憶三巴。」三巴是指四川的巴郡、巴東和巴西的合稱，即所謂的「巴山蜀水」之地。

杜鵑鳥

杜鵑鳥，是杜鵑科（學名 *Cuculidae*）的中型雀鳥，廣泛分佈於溫帶和亞熱帶地區。它在中國四川為留鳥（長年生活在一個地區，不隨季節遷徙的鳥類）。它體形如鴿，但較細長。嘴長適中而強，嘴峰稍向下曲。翅形短或長而帶圓形，具 10 枚初級飛羽。尾形長闊，呈凸尾狀，有 8 — 10 枚尾羽。腳短弱，具四趾，第一與第四兩趾向後，趾間均不相拼。雌雄大都相似。幼鳥羽色與成鳥不同。

杜鵑鳥

杜鵑鳥嗜食毛蟲，有益於農林，但其生態習性特異：不自築巢，亦不伏卵（孵化後代），常產卵於鶯或鶔（音匹）類雀鳥巢中，讓牠們代為乳育幼鵑。這種「惡霸」習性，鳥類學者稱為「巢寄生」（Parasitism）。

　　香港常見的品種包括中杜鵑、鷹鵑、四聲杜鵑、八聲杜鵑和褐翅鴉鵑（即毛雞）。其中的四聲杜鵑，古代又名「子規」或「杜宇」。春夏之交，往往徹夜飛鳴，音高且淒厲，古人說其音為「不如歸去」。又因鳥嘴帶黃色，更附會為哀鳴不已，以至出血，而有「杜鵑啼血」之說。

杜鵑花

　　杜鵑花，據清代吳其濬的《植物名實圖考長編》稱：「（花的開期）以杜鵑（鳥）啼時開，故名。」。它又名「映山紅」和「羊

華麗杜鵑（照片提供：漁農自然護理署）

映山紅杜鵑（照片提供：漁農自然護理署）

蹢躅」（羊食其葉後步履不穩），是杜鵑花科的常綠或半落葉灌木，葉互生，具柄，全緣。花常為頂生的類傘形總狀花序。花冠呈鐘形、漏斗形或管狀，顏色不一，春季開花，蒴果球形或卵形。[註一]

　　杜鵑花的種類繁多，廣佈於全球的溫帶及亞熱帶地區。中國有超過 800 種，香港地區有 11 種和 2 個變種，其植株多含有毒成份。主要的野生品種如下，除華麗杜鵑外，全部均為常綠者：

種類	學名
毛葉杜鵑	*Rhododendron championiae*
華麗杜鵑	*Rhododendron farrerae*
香港杜鵑	*Rhododendron hongkongense*
南華杜鵑	*Rhododendron simiarum*
紅杜鵑	*Rhododendron simsii*
羊角杜鵑	*Rhododendron moulmainense*

紫杜鵑（照片提供：漁農自然護理署）

野生的杜鵑，多長於海拔較高的山區叢林。在香港，主要見於馬鞍山和大嶼山的大東山。由於它們的花朵美麗，故昔日常有人摘取回家。為保護這些珍貴的野生植物，政府自 1930 年代起，已將其列為受保護植物，禁止採摘。

　　除了上述的野生杜鵑花外，本地尚有多種栽培品種和變種，三種最常見的是紫花的錦繡杜鵑（*Rhododendron pulchrum*）、紫杜鵑（*Rhododendron pulchrum var. phoeniceum*）和白花杜鵑（*Rhododendron mucronatum*），它們都是花多而密，故廣泛地栽種於庭園中。每年三月，中環禮賓府開放供市民觀賞的杜鵑花，主要就是這三種。

　　杜鵑花在日常英語中稱為 Azalea，是源自拉丁文，意為在較乾旱泥土中生長的花木。在歐洲，亦有很多語言是以其學名中屬名 *Rhododendron* 為通稱。按 *Rhodo* 在希臘文中意為玫瑰，指花朵美麗，*dron* 則為樹木，全名即長着似玫瑰的灌木。

註一　　清初‧廣東番禺學者屈大均有詩云：「子鵑魂所變，朵朵似臙脂，血點留雙瓣，啼痕漬萬枝。」

38 説紫薇 (註一)

　　種植花木作觀賞或美化環境，多會選擇花朵美麗、氣味芬芳、花期長及管理容易的品種。在華南地區，具備上述條件的，紫薇就是其中之一。它既可用盆栽，也可植於園圃中。

　　紫薇是千屈菜科的落葉大灌木，原產於印度，後廣泛傳種於全球亞熱帶地區，學名 *Lagerstroemia indica*，屬名是一位瑞典植物學家的姓氏，種名指它的產地。紫薇在中國栽培的歷史悠久。它具平滑、褐色的樹皮，枝柔弱，葉具短柄，橢圓形而近禿淨。長 3 — 7 厘米，近葉端漸尖。花紫色、淺紅色或白色，為頂生的圓錐花序。夏秋季開花，結成球形蒴果。

紫薇（細花紫薇）（照片提供：葉子林）

依照花的顏色，它可分為四類：開白色花者稱為「白薇」；紅色花者稱為「紅薇」；紫色花者稱為「紫薇」；紫中帶藍焰者稱為「翠薇」。紫中帶藍焰為正色，即最正宗的顏色。花朵通常於農曆四月開始綻放，開謝接續，花期可延續到九月。由於花期長，故俗稱為「百日紅」或「滿堂紅」，而南宋‧楊萬里有：「誰道花無百日紅，紫薇長放半年花」的詩句。此外，由於紫薇的枝條光滑，花朵嬌小細緻，用手揉擦樹身，其頂部會顫動，因此，昔日又有「怕癢花」的別名。

除植物名稱外，「紫薇」在中國舊日社會另有多種意義：一為星座名，位於北斗星之北，相傳為天帝的住所。二為皇帝居住的內城（紫禁城）；三為唐朝行政架構——中書省（其地位約等於現今中國的國務院），因其所在的辦公地點多植紫薇花，故中書省也稱「紫薇省」，例如唐‧岑參《寄左省杜拾遺》詩句中：「聯步趨丹陛，分曹限紫微」中的「紫薇」，即指中

大葉紫薇

書省。另一方面，昔日社會的玄學界，又有一種稱為「紫微斗數」的讖緯和命理術，能推算整個社會、家族或個人的運程。1970 — 1990 年代，本港一位著名的傳媒人士，其報刊專欄亦以「紫微集」為名，其作品頗受讀者歡迎。

除了已歸化為土產的紫薇外，本港另有一種外來引種的大花紫薇（又名大葉紫薇、洋紫薇），原產於印度及中南半島，學名 *Lagerstroemia speciosa*。它是中等喬木，其花朵比土產的紫薇大，故有此名。其葉片於冬天落葉前轉成紅色。其枝幹木材堅硬，耐污力強，適宜於製造傢具和作建築用途。近年廣泛植於本港公園路旁及休憩場地，其花期亦長。筆者注意到，它因根系發達，木材有彈性，且樹冠不大，所以抗風力強。近年，香港經歷兩個超級颱風——「天鴿」和「山竹」，但大花紫薇被風摧毀者甚少，是值得推廣種植的觀賞花木。

此外，廣東尚有一種土產的小喬木——廣東紫薇（學名 *Lagerstroemia fordii*），它野生於省內各處山嶺。二十世紀初，本港園林總監福特（Charles Ford）在大嶼山多處叢林發現其蹤影。其花白色，因極具觀賞價值，故常被人採挖，現已列為受保護植物。

註一　「薇」字在中國古籍裏可指兩種不同植物，其一是野豌豆，學名 *Vicia sepium*，是野生攀援性草本植物，其豆莢可作菜蔬。另一種是多年生木本，主要作觀賞用，它們的花朵都頗美麗。本節所談的是後者。

39 萱草與百合

　　可食可賞的蔬類植物，除了本書第 11 篇的莧菜外，還有萱草與百合。兩者同為百合科的多年生草本。萱草的可食用部份為其花蕾，百合則為其鱗莖。

萱草

　　萱草原產於中國和日本，栽種作觀賞或食用。作前者時，稱為「萱草」，後者則稱為「金鍼（針）」。它首見於古籍，是西晉的《南方草木狀》，當時稱為「水蔥」，該書載：「水蔥花葉皆如鹿蔥，花色有紅黃紫三種。出（廣東）始興（縣）（現隸屬韶關市），婦人懷妊佩其花生男者即此。……」同一時期，周處《風土記》亦說：「懷妊婦人佩其花，則生男。故名『宜男』。」

萱草（金針菜）的花蕾及花朵

除水蔥外，萱草在古代還有「忘憂」之別名。《本草綱目·草·萱草》解釋：「萱本作諼。諼，忘也。詩（經）云：『焉得諼草？言樹之背。』謂憂思不能自遣，故欲樹此草，玩味以忘憂也。吳人（江浙人士）謂之療愁。……李九華《延壽書》云：『嫩苗為蔬，食之動風，令人昏然如醉，因名忘憂。』此亦一說也。」意指進食萱草能令人忘憂，後來便有「萱草忘憂」的成語。

在中國，萱草的分佈範圍很廣，在華北及華中地區均有種植。由於「金鍼菜」是採萱草的花朵曬乾製成，採摘日期的掌握，對收成很重要。花未開摘得過早會影響產量，摘得遲又影響品質。

除作為蔬食外，萱草也可作觀賞用途。在廣東，可植於地上或花盆中，均生長良好。其根部可作藥用，通常在秋季挖採，洗淨後可鮮用，也可曬乾備用，主治膀胱炎、小便不順和肝炎等。

萱草的學名是 *Hemerocallis fulva*，其屬名 *Hemerocallis* 在希臘文為「一日鮮」，種名 *fulva* 指花朵為黃褐色。英語名稱是 Day-lily，形容其花朵「朝開暮謝」的習性，兩者意義相同。必須指出，萱草之名，在戰後由香港植物標本室出版的《香港植物名錄》，均有記載，並註明為外來引入者，但近年《香港植物誌》（由香港植物標本室聯同華南植物園合作編著）已不載，相信是現今香港已極少種植。

百合

每年到六、七月，本港郊野山坡上的草叢，長出一種白色喇叭形的花，由於花朵較大，在綠草叢中特別顯眼，吸引行山人士注

百合

意，它就是野百合。

野百合的莖部直立，不分枝，高約 0.5 米。葉披針形，以層狀環生於莖上。每株開花 1 — 4 朵，以兩朵者居多，綻放時有些少香氣。由於花朵背部帶有些淡紫色，故又稱「淡紫百合」。蒴果長圓形，有稜，具多粒種子。莖的近地部份膨脹成鱗莖，一如它的近親洋蔥和蒜頭，但它的鱗片較肥厚，含澱粉質和少量蛋白質，所以古代災荒時，民眾就挖取它來充饑。後來更在田裏種植，成為農作物，即現今街市果攤裏的「生百合」。

種植之初，它的名稱是「蟠」（音藩），亦寫作「蟠」。據宋代羅願《爾雅翼》指出：「《字書》曰：『「蟠」，百合蒜也』」。東漢‧許慎《說文》則曰：「『蟠』，小蒜也。……近道旁處有，根小者如大蒜，大者如碗，數十片相累，狀如白蓮花，故名百合。

言百片合成也。人亦蒸食之，亦極甘。」此外，它有多個別名，包括「重箱」、「摩羅」、「強瞿」[註一]和「蒜腦藷」，均為各地區以不同原因而名的。

除食用外，百合亦可作藥材，主治咳嗽、支氣管炎。百合的鱗莖，通常在中秋後收穫，洗淨後在球形的鱗莖頂部用刀橫切，鱗片就散開，用沸水煮幾分鐘便撈起，用清水洗去附着的黏液，曬乾備用或運銷。

中國很多地方都有種植百合，但以江蘇省太湖周邊的沖積地區所產最著名。其鱗片肥厚，組織鬆化，味道甘甜，稱為「湖州百合」。除作菜餚外，亦可曬乾後磨成粉，製作糕餅。

在廣東，人們喜以曬乾的百合作煲湯配料，如「清補涼煲瘦肉湯」（「清補涼」是夏天一道老火湯湯料的統稱，以健脾去濕為主，而百合是其中一種材料，還有淮山、蓮子、芡實、薏米等）。鮮嫩的「生百合」則配合其他食材合炒，入口爽甜。不過，用量最多的是製作甜品。二十世紀，本港粵式婚宴和「薑酌」（初生小孩的彌月或百日宴）多有一道「蓮子百合紅豆沙」作甜品，取其「百年好合」與「連生貴子」的好意頭。

野百合經栽培後，亦成為華中與華南各省著名的觀賞花卉，其變種甚多，花朵顏色亦異。江南一帶較著名的品種有「卷丹」、「小卷丹」和「山丹」。宋代詩人陸游最愛此花，曾經說：「更乞兩叢香百合，老翁七十尚童心。」可見它的魅力。清代陳淏子在《花鏡》評價此花時說：「花色朱紅，諸卉莫及。」雖然有些誇張，但平心而論，百合花無論色、枝、形都是很美的。在歐洲，百合花栽培也

花卉類

233

很普遍，它被認為是聖潔、堅貞的象徵，婚禮中常用。基督教復活節崇拜時，教徒亦多攜百合到教堂奉獻。約在 200 年前，廣東土產的山百合，由曾駐廣州的商人 Brown 託人將其鱗莖帶回英國種植，所以英語稱為 Brown's Lily，其學名亦定為 *Lilium brownii*。英國人則稱食用的百合片為 Lily's root。至於其學名中的屬名為 *Lilium*，是拉丁文 Lily 之意。

在香港，二十世紀初，有市民見到山上的野百合花朵，把它連根挖起帶回家，用瓦盆栽種，引致山上泥穴處處，景觀受損。政府於是在 1930 年代，將它列入《林務條例》，成為受保護植物，禁止採摘或挖取。

據近年的《香港植物誌》，現今本港栽種最普遍的是「麝香百合」（White Trumpet Lily），學名 *Lilium longiflorum*，與本地原產的野百合各種器官特徵幾乎完全相同，只是其花蕊較長一點。

註一　　據《本草綱目‧草之二‧百合》：「此物花、葉、根皆四向，故曰強瞿。凡物旁生謂之瞿。陶弘景曰，俗人呼為強仇，仇即瞿也，聲之訛矣。」

40 桃與桃花

　　自古以來，桃是中國主要果品之一，也是人們喜愛的花木。不過，在現今的粵港澳地區，桃花的經濟價值已遠超桃果。

　　桃是薔薇科落葉大灌木，原產於華北黃河流域。在中國文字裏，桃字從「木」從「兆」，據明‧李時珍在《本草綱目》解釋：「桃性早花，易植而子繁，故字從木兆；十億曰兆，言其多也。或云從兆，諧聲也。」從古代神話，以至文學詩詞，甚至民眾生活，桃在中國佔有一個重要的地位。《詩經‧周南‧桃夭》有云：「桃

桃果

之夭夭，灼灼其華。」北魏‧賈思勰《齊民要術‧卷十‧桃》：「《神農經》曰：『玉桃，服之長生不死』……。」中國古代神話中，相傳王母娘娘大開蟠桃盛會，宴請眾仙。於是，桃便升格為「仙果」，有長生祝壽之意。據此，誕辰宴客稱為「桃酌」，送人壽禮稱為「桃儀」。然而，桃樹本身的壽命也不過十年而已。《齊民要術‧卷四‧種桃奈》：「桃性皮急，四年以上，宜以刀豎劖（音麗，意即割開）其皮。七八年便老，十年則死。」以為桃是長壽之徵，實在不確。

中國自漢代（公元前 138 年）出使西域後，桃很快便經中亞傳入波斯（Persia，即今伊朗 Iran）。公元四世紀，古希臘馬其頓王國（Macedon）的亞歷山大大帝（Alexander the Great）征服波斯後，把桃帶返歐洲。它的學名 *Prunus persica*，其中屬名 *Prunus* 源自拉丁文的桃，種名 *persica* 是指它來自波斯。這是由於歐洲人以為桃子原產於波斯，故在法語成為 *pêche*，英語則作 Peach。

桃的樹冠廣闊，枝幹外皮光滑，常有樹液流出，稱為「桃膠」，可入藥。葉披針形，春季開花，先葉而出，有深淺不同的紅色和白色。果呈球形而下端微尖，皮有短毛，成熟時呈金黃色，果肉微酸且易軟化，故運銷不便。果核大而外殼堅硬，上有多個小孔並滿佈皺紋，故歐洲果農稱之為石果（Stone fruit）^(註一)。

桃的品種

由於栽種的年代長久，地區廣闊，桃的變種甚多，大致可分為兩類：食用桃和觀賞桃。前者多植於田地或低坡，後者多植於屋宇或寺廟旁，也有少數植於大瓦缸內，按需要而擺放作裝飾。

桃花的種植與銷售

在廣東，觀賞桃的品種有：緋桃、單碧桃、單瓣白碧桃和千瓣白桃等，花的顏色各有不同（深紅色、粉紅色或白色），其中以緋桃最受歡迎，因其花朵大、重瓣（一般桃花只有五片花瓣，緋桃卻有一、二十片）、顏色鮮艷和花期長。所有品種都是用嫁接方法繁殖，即以生長力強，嫁接後有矮化作用的品種。在其主幹距離地面25 — 35 厘米處切平後成為砧木，然後將選定品種的花芽作接穗，扦插於其上，使兩者融合成一新株。嫁接工作一般在冬末春初進行，以配合植物的生長週期。

嫁接成功後，春夏兩季都要「剪萌」^{（註二）}，並適時施肥，使新株迅速長大，同時要注意防治病蟲害。新株在嫁接後第一年末，已可斬伐作家庭瓷瓶插花。生長至第二、三年的桃樹，一般可供商舖、企業工廈或豪宅會所使用。大型商場每逢農曆新年前，多以一

桃花

棵巨型的桃樹，以木架支撐，擺放在商場入口或中央位置作賀年裝飾，藉以吸引顧客，帶動場內節日氣氛。而花農為了使緋桃在春節開花，亦須在農曆十月上旬將準備砍枝上市的桃樹摘去葉片，如當時天冷就一次摘光，如天暖則先摘去一半，待半個月後才摘光。經過這樣處理，到春節即可開花。如因天氣關係，到農曆十二月仍未見花蕾，就要「催花」：用一層薄膠膜覆蓋桃枝，每天中午日暖時噴水，這樣就可以及時開花了。至於桃樹在斬伐後，需用濕透的麻布包紮主幹底部，或置於水盆上，以保持繼續開花。

香港種植的桃花，主要在新界大埔林村谷。由於該處周邊有高山屏障，風力較溫和，泥土適合，而且水源充足。此外，林錦公路橫貫谷中，運輸方便，顧客可在過年前到農場預早選擇心水桃株，接近歲晚時便斬伐桃樹，自行駕車帶走。不過，該處耕地有限，而且地租高昂，所以，較大型的桃花都在內地種植，並由園藝公司代辦採購、取貨，以及安排運輸服務直接送達客戶的指定地點，再進行裝置。如此安排所費不菲，近年相關的整套服務（未計桃花本身的價值）已攀升至過萬港元，不過，既能興旺商場和市道，又在新年節慶時提高市民的歡樂氣氛，確有裨益。

桃花對中國文化及民俗的影響

除了經濟價值，桃花對中國文化發展和民俗的形成也有影響，在文學方面影響尤其深遠。首先是散文，當中的代表作是晉代陶潛（字淵明）的《桃花源記》[註三]。文中記述武陵源有漁夫因迷途而闖入一片桃花林，遇到一群村民，才知道他們的祖先因躲避先秦戰

亂而逃至該處，落地生根，從此與世隔絕。漁夫回家後將此事告知大眾，官府於是派遣人員前往，但再也找不到桃花林。於是，後世稱避亂之地為「世外桃源」。(註四)

其次就是詩詞。中唐時代的兩位文人：崔護與劉禹錫，同是進士出身為官。他們共有三首以桃花為題的「七言絕句」，除廣為後世稱頌外，更時常被引用於不同的文學作品。現分述如下：

《題都城南莊》

崔護

去年今日此門中，人面桃花相映紅。

人面不知何處去，桃花依舊笑春風。

此詩記述作者重訪當年與佳人邂逅之地但不遇，因而借桃花以表失落之情。此後「人面桃花」便引申為成語，意指景色依舊但人事已非。

《元和十年自朗州至京戲贈看花諸君子》

劉禹錫

紫陌紅塵拂面來，無人不道看花回。

玄都觀裏桃千樹，盡是劉郎去後栽。

當時的劉禹錫(註五)被貶官多年後，再獲召回京，有機會重遊長安的玄都觀，從沿途所見，到觀賞桃花，再提及自己的際遇。詩中的第三、四句，表面上寫玄都觀裏的桃花，都是自己離開長安後栽種的，其實是影射當時得令的新貴，是因自己仕途不順而被提拔「上位」。結果，劉禹錫再被貶謫，一去又是多年。後來重遊故地，再

寫另一首詩：

《再遊玄都觀》
劉禹錫

百畝庭中半是苔，桃花淨盡菜花開。

種桃道士歸何處，前度劉郎今又來。

詩中的「前度劉郎」變為成語，意指去了又來的人（據《紹興縣志》原指古代多次入山採藥的劉晨）。

除了散文及詩詞，與「桃」有關的成語也有很多，例如「桃李滿門」、「投桃報李」、「李代桃僵」等。

在眾多中國文學作品中，有一種以曲譜形式的小說——傳奇，是起源於唐代。經歷多番朝代更替，除了文字創作，亦有以演唱形式進行的戲劇。著名作品之一是清初孔尚任的《桃花扇》，以名仕侯方域與名妓李香君的愛情故事，反映明代崇禎末年（公元 1628 — 1644 年）的社會狀況。

另一方面，桃樹對民間風俗也有影響。據說桃木有壓邪制鬼的驅疫作用，於是人們便在桃木板寫上「神荼」及「鬱壘」（著名的門神）的名字並懸掛在大門，這就是古代最早出現的「桃符」。究其原因，見於宋・羅願的《爾雅翼》：

「桃能去不祥，桃之實在木上不落者，名梟桃，一名桃奴，及莖葉毛皆去邪。故古者植門以桃梗，出冰以桃弧，臨喪以桃茢。《典術》曰：『桃者五木之精，仙木也，故厭伏邪氣，制百鬼。』或曰：『東海中有度朔山上有大桃木，蟠屈三千里，其枝東北曰鬼門，萬鬼之所出入。有二神人曰神荼、鬱壘，主閱眾鬼之惡害人者。執以

葦索，而用以飼虎。黃帝法而象之，驅除畢，因立桃梗於門户上，畫鬱壘執葦索焉。』」後來演變成傳統習俗，用對聯取代，並於歲晚前夕以新換舊，故稱「春聯」，而桃符也被指為春聯的前身。

此外，桃花也常為玄學界引用。「命帶桃花」，既指異性情緣，也是人際關係，意思是人緣好，易得人心。說人「行桃花運」，指男女愛情有新的發展。

註一　　石果，也稱為核果，是一種在中心含有大顆果核的水果。一般包括李（*Prunus*）屬，果皮薄而肉柔軟，例如：李（Plum）、西梅（Prunus）、杏（Apricot）、巴旦杏（Almond，即扁桃）等。

註二　　「剪萌」，即除去砧木發出的幼芽，以免分薄新株的養份。

註三　　關於「桃花源」的地理位置，古今議論紛紛，各有所據。近年經有關旅遊當局考究，認為湖南省常德市山區應為桃花源的原址。其實，桃花源可能只是陶淵明幻想中的「空中樓閣」，實無此地。

註四　　1933 年，英國作家 James Hilton 的小說 *Lost Horizon*，描述四個外國人因飛機失事，意外流落到西藏高原山中一個叫做香格里拉（Shangri-La）的地方，當地的居民雖然與外界隔絕，但過着與世無爭的「烏托邦」（Utopian）生活。該書稍後被改編拍攝為同名荷里活黑白電影，並由當紅男星 Ronald Colman 主演。於香港上映時，中文譯名正是「世外桃源」。

註五　　劉禹錫在唐代詩人中，其名氣雖然不及李白、杜甫、王維和白居易，卻能將當時巴蜀地區（即今四川東部）的土著歌謠改進為新型七言詩歌——「竹枝詞」（歌唱時，歌者手執竹枝搖拍，踏地而舞，故稱「竹枝」，內容多詠土俗瑣事），故在文學史中功不可沒。明、清時期，華南地區就有《潮州竹枝詞》、《嶺南竹枝詞》與《羊城竹枝詞》。二十世紀初，香港也有《香江竹枝詞》、《瀝源九約竹枝詞》（即今新界沙田區）及其續篇《西貢竹枝詞》。

41 美麗的**野花**

　　在人類社會，花卉除了美化環境、陶冶性情外，也是男女談情說愛的媒介。在現今物質豐盛的社會，每到情人節，年青男士都向他愛慕的女子，贈送名貴的花束以傳情意。不過，在昔日生活簡樸的農業社會，男女只能採野花互贈。十八、九世紀的廣東鄉村，就流行一首民謠：「攜手南山陽，採花香滿匡，妾愛留求子，郎愛桃金娘。」究竟，它們是甚麼植物？讓我們一齊看看。

留求子（使君子）

　　留求子現今的正式名字是「使君子」，它是使君子科的藤狀落葉灌木。葉對生，矩圓形而尾端尖，薄紙質。花頂生，是倒垂的穗狀花序，綻開時花瓣顏色由白變紅，很美麗。果狹圓錐形，有稜角，頗像栀子（栀音支，即「水橫枝」，又稱「白蟾」）的果實。成熟時變褐色，去殼取仁炒熟，服之可治「疳積」（驅蚘蟲和蟯蟲）。據化學分析，其驅蟲藥效成份為「使君子酸鉀」（Potassium quisqualate）。二十世紀初，西醫成藥「花塔糖」（或稱「疳積餅」）出現前，使君子是兒科驅蟲的特效中藥。

　　這種植物最早出現於中國書籍，是西晉的《南方草木狀》，當時的名稱是「留求子」，並指出其子實「治嬰孺之疾，南海（廣東

使君子的花朵、紅白相間

省）、交趾（越南北部）俱有之。」不過，並沒有提及其名稱的來
源。到南宋初年（公元十二世紀），周去非的《嶺外代答・花木》，
則記錄為「史君子花」，並稱：「夏開，一簇一十二葩，輕盈似海
棠，白與深紅齊開，此為最異。」關於其名稱的轉變，李時珍在《本
草綱木・草》解釋：「俗傳潘州（今廣東高州市）郭使君（古代稱
刺史為史君，即州長）療小兒獨用此物，後醫家因號為使君子也。」
此名後來曾訛為「史君子」和「四君子」。清代《廣東新語・草》
則兼用留求子與使君子兩名，並記錄了一句有關其藥效的諺語：「欲
得小兒安，多食使君子。」1956年的《廣州植物誌》及2008年的《香
港植物誌》（英文版）第二卷，均以「使君子」為正式名稱。至於
其學名 *Quisqualis indica*，其屬名源自藥效化學成份，種名 *indica* 即
指產自印度。

　　使君子的花朵很美觀，但在本港少見。筆者多年前在九龍加
多利山一花園洋房，看到幾株種植作籬笆。為推廣它作美化市容，

康樂及文化事務署約十年前舉辦的「香港花卉展覽」，選擇它作為年度花卉，並刊印其花株作為海報。不過，現今市內公眾或私人園地，栽種者仍稀。

桃金娘（崗稔）

每年十月初，當炎熱的天氣漸消退，本地旅遊團體的週末活動，也由海面轉回陸地，蟄伏多月的「行山友」，又開始一個新的遠足季節。不過，他們會看到山嶺上在春末遍地的各式各樣花朵，已變為纍纍野果，較矚目的，就是「崗稔」^{（註一）}。

崗稔的正式名稱是「桃金娘」，是桃金娘科的常綠灌木。其莖多分枝，葉呈橢圓形而厚，表面光滑，背面葉脈突起及有短絨毛。初夏開花，大小如本地一元硬幣，初時紫紅色，漸轉為粉紅色或白色，結成呈倒杯形的小漿果，有宿存萼片，頂部有短柄。成熟時果皮變軟，呈紫紅色，果汁具黏性，味甜。昔日鄉民多摘食，稱為「崗稔」或「山稔」。另有說其果可以釀酒。

桃金娘的花朵

這種野果見於植物書籍，是清・道光二十八年（1848年），吳其濬的《植物名實圖考長編》第十六卷〈果類〉稱：「岡拈子（按「岡」為「崗」的俗寫，拈為棯之誤）生廣東山野間，形如葡萄，內多核，味酸，微甜，牧豎（即牧童）採食，不登於肆（市場並無售賣）。」

崗棯為何又改稱為「桃金娘」？民間有兩種說法。其一是因戰爭饑荒而起，另一個是因為其花朵特徵與鄉村男女愛情而來。

（一）據說數百年前的一場戰爭中，一方軍隊被擊潰，殘兵逃入山中，糧草斷絕，惟有採野果充饑，適逢此果成熟，剛好成為「逃軍糧」，後以同音雅化為「桃金娘」。

（二）《廣東新語・草》：「草花以娘為名者有桃金娘，叢生野間，似梅而末銳，似桃而色倍頹（音頹，意思是淺紅色），中莖純紫，絲綴深黃如金粟，名曰桃金娘。」廣東鄉村男女在田間工作，

桃金娘的果實

用當地花草為題對唱以傳情。文中並引述：「粵歌云：攜手南山陽，採花香滿匡，妾愛留求子，郎愛桃金娘。」

兩說之中，前者似乎由事而生文，是附會之作。後者是「以物喻情」的民間習俗，較為可信，同時也證明了民間歌謠有保存古代植物名稱的功用。

桃金娘雖然是一個美好的名稱，書籍上都採用，但在昔日各地鄉村，當地居民還是喜歡他們熟悉的俗名。1956 年《廣州植物誌》第 201 頁，就列出它在廣東省的多個別名：山稔、崗稔（廣州）；當梨（梅縣）；稔子（廣東各地）。不過，2008 ─ 2012 年出版的《香港植物誌》英文版第二卷 140 頁，則只列「桃金娘」為其正式中文名稱，「崗稔」為唯一別名。

十九世紀，英國人來到香港，把它稱為 Rose Myrtle。Myrtle 源於拉丁文 *Myrtus*，是地中海區域的一種野生灌木，而 Rose 是指桃金娘果實成熟時的玫瑰顏色。他們也採集其果實，製成果醬。

另一方面，植物學家也用拉丁文鑑定其學名為 *Rhodomyrtus tomentosa*。屬名 *Rhodomyrtus* 即 Rose myrtle，而種名 *tomentosa* 則是指其葉背面的短絨毛。

金櫻子

野花常用以傳達愛情，有時卻記錄人們的不幸遭遇，金櫻子就是一例。

金櫻子是薔薇科的木本攀緣性植物，枝幹密生小刺。小葉三枚，罕有五枚，呈橢圓形或卵形，邊緣有小鋸齒。花瓣大，白色。

金櫻子的花朵（照片提供：彭玉文）

金櫻子的果實（刺梨）（照片提供：彭玉文）

果實如罌，外皮有刺，故有「山石榴」、「山雞頭」和「刺梨子」等別名，具多種藥效。它原產於華南各省。在香港，其花在四月份綻放，為郊野增添景色。「金櫻子」之名首見於古籍，是宋代的《嘉祐本草》。其學名 *Rosa laevigata*，*Rosa* 即拉丁文的 *Rose*，*laevigata* 則指葉面光滑。

據植物學書籍，除了中國和日本外，金櫻子也廣泛分佈於美國東南部。該處原為土著印第安人徹羅基（Cherokee）族棲息之所。十八世紀，美國政府為了開採該處的金礦，以及讓歐洲移民建立農莊，武力強迫徹羅基族西遷至中部乾旱的俄克拉荷馬（Oklahoma）地區。他們在遷徙途中，歷盡艱苦，婦女則漣漣痛哭，史稱「血淚之路」（Trail of Tears）。她們的眼淚滴落在土地上，綻放朵朵金櫻子。族中長老賦予金櫻子意義：白色花瓣是純潔的徹羅基人的淚，金色花蕊是被白人奪走的金礦，七塊葉是徹羅基的七個部族，莖枝

上的刺勾喻抗爭，到處生長寓意徹羅基人在途中開枝散葉。於是大家重拾信心，走到俄克拉荷馬，生存下去。

1916 年，喬治亞州議會通過以金櫻子為州花（State flower of Georgia）。其動機／原因未明，有說是白人表示些少「悔過」，或地方政治原因。此後，它的英語名字也稱為 Cherokee Rose [註二]。

註一　有說「崗」（俗為「岡」）字原為「絳」，指果熟透時色紫紅，後訛為「崗」。
註二　喬治亞州為美國東南部政治影響力最大的州份。

42 白蘭、含笑和夜合

　　1960 年代以前，每到春末夏初，港九街市和路旁，都可見到有小販，用一個圓形的竹箕，盛載了一種短、一種長，有些還用白線穿起成串的花朵擺賣。這些花散發着芬香氣味，遠遠便可嗅到。過路的婦女，很多都被這些花朵吸引而光顧幾朵，簪在髮上或插於衣襟，作為裝飾；或買一兩串，放在家中廳房，使滿室芬芳。舊式理髮店則將它浸在玻璃水瓶裏，成為「鮮香水」，供男士理髮後梳理之用。這些花朵，就是白蘭和含笑。

　　白蘭、含笑和夜合，都是木蘭科的常綠木本。其花朵美麗而芳香，是很受歡迎的栽培花木。含笑與夜合是廣東土產，白蘭則源自印尼，但引種中國已久，差不多已成本地品種。

白蘭

　　白蘭與含笑是親緣很近的姊妹花，學名 *Michelia alba*。它原產於印尼，傳入中國後，在華南城市栽種。據說，中國人最初見到它的花朵，有些像木蘭科的玉蘭，因其花瓣白色，所以便叫它做「白蘭」或「白玉蘭」。它是常綠大喬木。在廣東生長的白蘭，綠葉扶疏，終年不凋，花期亦很長，由春末到深秋，香聞遠近。不過，在較冷的江浙地區，冬季則無法耐寒，惟有種在室內瓦盆中。

花瓣盡放的白蘭（照片提供：譚業成）

白蘭多植於住宅旁和公園

　　白蘭傳入華南初期，因繁殖不易（難結子、有子者多不發芽），種植者少，只見於名園大宅中。後來經廣州西郊「花地」（「花埞」）的園藝師傅悉心試驗，改進了無性繁殖技術，以插枝生根後的辛夷作砧木，用「切接法」或「靠接法」繁殖大量幼苗。近二、三十年，本港新市鎮的公園和馬路旁，均廣為種植。

　　除白蘭外，尚有一種黃蘭，學名 *Michelia champaca*，它的樹形和生長習性，和白蘭很相似，不過，花瓣是蛋黃色，在未開花時，較難辨別。其花的顏色較搶眼，但香味不及白蘭，栽植數量也很少。它原產印度，梵文名 *Champaca*，由佛教僧侶傳

入中國，音譯為「瞻博花」，後又「華化」為「薝蔔」。宋代《嶺外代答・香門》則記錄為「蕃梔子」，指其香味如本地的梔子（水橫枝），但來自外國。在廣州及香港，它開花後間中可結果，果常排為一串，裂開後散出種子。由於以嫁接方法繁殖的效果較好，故不用種子。

含笑

含笑是以花朵開放形狀而得名。宋代《邇齋閑覽》説：「其花常若菡萏（即荷花）之未敷（全開）者，故有含笑之名。」又清代《廣群芳譜・草花譜》：「含笑花開不滿，若含笑然。」指其花朵只半開，不全放，仿如「猶抱琵琶半遮臉」。所以，《廣東新語・木語》云：「半開多於曉，一名朝合。」至於其學名 *Michelia figo* 中的種名 *figo* 一字，源自葡萄牙語，意為榕樹（*Ficus* spp.）。因為早年僑居澳門的葡萄牙人，以含笑的葉形似細葉榕，故稱之為 *Fula Figo*。其實，兩者並無直接親緣關係。

含笑原為亞熱帶雨林裏一種野生灌木，在林中空隙，則可長成喬木。明代廣東的《羅浮山志》説：「羅浮夜合含笑，其大至合抱，開時一谷皆香。」不過，野生的現已罕見，只在粵北山區間中有發現。

因為它的花朵芳香，人們便栽培它來觀賞。據古籍記載，北宋年代，已移植於首都汴京（今河南省開封市）御花園。後來民間栽植者漸多，更有栽於瓦盆置室內。北宋紹聖元年（1094 年），蘇軾被貶職廣東惠州，赴任途中經廣州時，曾到市北白雲山的蒲澗寺遊覽，見到寺的四周有多株含笑，遂借物喻人，寫了一首詩，其中兩

含笑（照片提供：譚業成）

句：「而今只有花含笑，笑道秦皇欲學仙。」諷刺秦始皇人心不足，做了皇帝，還想長生不老做神仙。^(註一)

含笑花的香味濃烈，帶有香蕉味，散佈範圍廣闊。所以，另一宋代詩人楊萬里有：「只有此花偷不得，無人知處忽然香」之句。英國人來到華南，也因此而稱它為 Banana shrub。

含笑的花朵用來薰茶葉，郁然有香氣。昔日廣州的富裕人家，把「品香茗，賞含笑」，作為別有韻味的生活情趣。

夜合

與含笑和白蘭一樣，夜合是木蘭科的常綠灌木或小喬木。它原產於廣東，後廣植於中國東南各省。它的葉呈長橢圓形，色青翠，脈紋微凸而精緻，邊緣皺曲如波狀，花朵生於枝頂，似球形，花瓣

夜合

像百合球莖的鱗片，色白而有香氣，開放時間很短，呈半合狀，直徑約 3 厘米，夜間復閉合，故名「夜合」。因這名稱，民間把它和男女愛情連在一起，同時又創造了一首山歌：「待郎待到夜合開，夜合花開郎不來，只道夜合花開夜夜合，那知夜合花開夜夜開。」由於夜合的花朵稀少，開放的時間短，故此栽種者不多。

夜合又名「夜合花」，近年出版的《香港植物誌》則正名為「夜香木蘭」，學名則沿用 *Magnolia coco*，英語名稱則為 Chinese Magnolia。

本篇所述的三種花木，有兩個共通點：一是使用無性方法繁殖——圈枝或扦插，扦插都是用木蘭科的辛夷作砧木。另一種是它們的花朵均用於薰茶葉，增添香氣。

花卉類

253

註一   此詩題作《廣州蒲澗寺》，全文為：

> 不用山僧導我前，自尋雲外出山泉。
> 千章古木臨無地，百尺飛濤瀉漏天。
> 昔日菖蒲方士宅，後來薝蔔祖師禪。
> 而今只有花含笑，笑道秦皇欲學仙。

詩的第三句「菖蒲」，是長於山溪旁石堆的多年生草本植物，學名 *Acorus spp.*，有多個品種。清代時，廣州居民常挖取回家作盆景。而同句的「薝蔔」即黃蘭；蘇軾於北宋時期（公元 1094 年）寫下此詩，可知黃蘭在十一世紀時，已經傳入廣東。

43 姊妹花
——素馨和茉莉

　　素馨和茉莉都是木犀科的多年生常綠藤本花卉，親緣甚近。它們原產於亞洲的亞熱帶地區，傳入華南後，經過長期種植，已成為本土植物。

　　早於西漢初期，陸賈的《南越行紀》[註一]中已有敍述。西晉嵇含主編的《南方草木狀》引述該行紀中有關它們的資料，並增補內容，説：「耶悉茗花、末利花，皆胡人自西國移植於南海，南人憐其芳香競植之。陸賈南越行紀曰：『南越之境，五穀無味，百花不香，此二花特芳香者，緣自胡國，移至不隨水土而變，與夫橘北為枳異矣。[註二]彼之女子以彩絲穿花心，以為首飾。』末利花似薔蘼[註三]之白者，香愈於耶悉茗。」

雲南黃素馨

按「耶悉茗」是西亞阿拉伯地區花木 Yasmin 傳入中國後的音譯，亦作「邪息茗」或「野悉蜜」。到五代十國時期（公元十世紀），據有廣東地區的南漢皇帝劉鋹寵愛的「司花宮女」（打理花卉的女官）素馨喜種此花以奉劉氏，故改名「素馨」，沿用至今。

茉莉原產於印度和西亞，是古老的栽培植物，約在二千年前傳入中國東南沿海地區。《南方草木狀》寫作「末利」，並說：「末利，花似薔薇之白者，香愈於耶悉茗。」後來，北宋‧李格非《洛陽名園記》寫作「抹厲」，佛經則作「抹利」，兩者均為梵文 Mallika 的音譯。李時珍在《本草綱目‧草》中指出：「末利本胡語，無正字，隨人會意而已。」後來因它的枝葉柔軟如草，才寫為「茉莉」。

到十九世紀，植物學家將 Yasmin 用拉丁文寫作 *Jasminum*，成為學名中之屬名。現今《香港植物誌》記錄的兩個本地品種為：

（一）雲南黃素馨：學名 *Jasminum mesnyi*。

（二）茉莉花：學名 *Jasminum sambac*。

茉莉

兩者的主要分別，前者是複葉，花黃色；後者是單葉，花白色，香味較濃。

兩花傳入中國初期，只作觀賞。唐、宋以後，常被用作婦女的頭飾，此風氣至明、清時期，尤其在城市中更為盛行。當時的婦女，無分老幼、貧富都喜簪戴（於頭上插上花朵），常以彩絲穿花繞雲鬢，稱為「花梳」。「金齒屐一尺，素馨花兩鬢」乃當時廣州一帶婦女時髦的打扮。清‧屈大均著《翁山詩外》，當中題為〈澳門〉有：「薔薇蠻婦手，茉莉漢人頭」，意即葡萄牙婦女喜手拿一束玫瑰花，而中國女子則插茉莉花於頭髮。與此同時又有「茉莉宜於婦女，素馨宜於丈夫」的說法，可見男子佩戴素馨也曾流行。此外，在一些特定的節日或場合，亦用素馨花綴成各式花燈、花球和花艇。屈大均《廣東新語‧草語‧素馨》有詩詠曰：「盛開宜酷暑，半吐在斜陽，繞髻人人艷，穿燈處處光。」而位於廣州西面珠江河畔的花田（又名「花地」，亦作「花棣」），則以種植素馨和茉莉而揚名。由該處沿珠江運送花卉至廣州市的商販則稱為「花客」，而搬運的碼頭稱為「花渡頭」（五仙門對岸），可知當時栽培和使用的興盛。

茉莉花不只用作觀賞，更重要的是其經濟價值較高。將它混和茶葉蒸薰，成為香氣滿溢的茉莉花茶（或作「香片」），又可以提煉作香水，故其種植數量遠超素馨。^{（註四）}此外，它也是一種藥用植物，其根可作麻醉藥。《本草綱目‧草》記載：「以酒磨一寸服，則昏迷一日乃醒，二寸二日，三寸三日。凡跌打骨折，脫臼接骨者用此，則不知痛也。」

素馨和茉莉的種植方法

兩者均用插枝方式繁殖，做法是在初春剪取老枝短截，插於泥土裏，兩、三星期後發出幼根和嫩芽，成為新株。到春末移植於花田或瓦盆中。翌年就能開花，花期由初夏至深秋。

植株的健康和花朵的發育，需要足夠的肥料。昔日，花農在種植工作中得到一個經驗：就是用家庭生活中的「廢物」——米泔（音金，即洗米水）或魚腥水（洗魚肉的水）灌溉花朵，能達到花朵大而花期長的效果。於是，民間便有「清蘭花，濁茉莉，勿安牀頭，恐引蜈蚣」的俗語，反映茉莉需要施肥是越多越好。昔日的園藝與其他有關書籍都有記載這種廢物利用的方式，此舉亦符合現代「環保」的概念。

香港開埠後，有不少人從廣州或鄰近地區移居到港，種植茉莉的習慣及簪花作頭飾的風氣亦隨之而入。不過，華人居住的「唐樓」狹窄，只能作盆栽置於「大騎樓」的鐵架上，花農種植者則不多。

二次大戰後，洋花大量輸入，而唐樓紛紛被拆卸或改建，在家種花的習慣只好改變。而簪花鬢髻之舉亦隨時代更替，早已為電髮等美容方式取代。

註一　廣東地區古稱「南海」，原為土著越族生息之所。秦始皇統一中原後，設立南海郡，派都尉管轄。秦亡漢興之際，南海都尉趙佗於公元前 204 年起兵自立成「南越國」。陸賈於漢高祖十一年（公元前 196 年），奉命出使南越，招諭趙佗為「南越王」。高祖死後，呂后擅政。直到呂后被誅，漢文帝即位（公元前 179 年），為恢復主權，再次派遣陸賈出使南越。《南越行紀》為陸賈將當地政治與軍事情報，以及民俗和風物等記錄，然後上呈皇帝的報告。

註二　古代《周禮‧考工記》：「橘逾淮而北為枳，……此地氣然也。」，意為生長於溫暖地區的柑橘，移種到淮河以北的寒冷地方，果質因氣候和土壤改變而劣化為枳。

註三　薔薇是薔薇（學名 *Rosa multiflora*）的古代寫法。李時珍《本草綱目》：「此草蔓柔薇，依墻援而生，故名墻薇。」因屬花草植物，故改從「艸」（草），寫作「薔薇」。它與玫瑰（學名 *Rosa rugosa*）同屬。

註四　2022 年，本地電視台有一套名為《美麗西江》的特輯，介紹廣東西北部與廣西省經濟作物的發展近況，其中有關茉莉花種植和加工過程，可以看到位於山嶺低坡地帶廣植的茉莉花田，四周有防風林作保護，頗為壯觀。隨後又介紹採花加工成為香片茶，以及其營銷方式，很有教育意義。

44 多姿多彩的 仙人掌植物

　　市民在閒暇到九龍旺角花墟一帶瀏覽，都會見到有幾間售賣室內植物及有關裝飾的專門店。在那裏，他們可以看到各式各樣的小巧觀賞植物，其中最多人光顧的，就是用細盆栽種的仙人掌類，因為它品種多、所需生長面積小、可在室內種植、料理容易，而且壽命長。

　　仙人掌類是旱生性的草本或灌木，多原產於美洲熱帶、亞熱帶的沙漠地區。由於沙漠乾旱炎熱，所以貯藏水份、減少蒸發，是它們能生存的必要條件。故此，經過長期的適應和演變，它的葉退化成針狀，莖部卻脹大成肥厚多汁，有發達的薄壁組織細胞得以貯藏水份。

　　仙人掌的表皮有硬而厚的蠟質作為保護層，生有茂密的絨毛，保護它不受強光的照射，降低蒸騰強度。它的表皮上的氣孔小且常關閉，減少了水份的蒸發。按植物的生長規律，氣孔多則有利於植物體與外界的氣體交換，促進植物的光合作用和有機物質的合成。相反，氣孔小而常關閉，會影響植物的新陳代謝，使植物生長緩慢。因此，有些仙人掌栽種了數年，體積卻長大不多，就是這個緣故。

仙人掌類的花通常單生，無柄，結成漿果，鳥獸採食後，種子隨糞便排下，散佈遠處。

　　仙人掌植物從原產地傳至世界各國後，因生長環境不同而變化。除了變成大量觀賞植物外，也用扦插或嫁接方法培育出多種花卉和果品。在香港，較特別的有：（一）曇花、（二）量天尺／霸王花／火龍果，及（三）仙人掌（刺梨）。

曇花

　　中國有「曇（音談）花一現」的成語，用來形容偶然出現，頃刻消失的事物。它源自佛教《法華經》：「佛告舍利弗，如是妙法；如優曇缽花，時一現矣。」所謂「優曇缽花」，是梵文 *Udum bara* 的音譯，後來簡稱「曇花」。

曇花

用曇花來比喻，原因是它只在晚上才綻放，開花時間短暫而且到翌日清晨便凋謝，但其白色花朵碩大芳香又美麗，人們認為能看到曇花綻放是難得的事情。所以，美好而短暫的事物，就稱為「曇花一現」了。在佛教觀念來説，有「色即是空」的意味。

曇花是仙人掌科的多年生半直立性植物，學名 *Epiphyllum oxypetalum*（拉丁文意為樹木枝桿上長出的花朵）。它的老莖圓柱形，沒有葉，只有扁化的綠色枝條代替葉子進行光合作用，以製造供生長的有機養料。枝條邊緣有稀疏的波紋狀凹口，稱為「小窠」（音棵），待植株長到一定的高度，積累了足夠的養份，就從凹口處長出白色花蕾一朵。花的下部為一長筒、上部約有花瓣 20 片。花筒外面還有不少紅紫色的尖細裂片。開花時，花的筒部下垂但向上翹起。花的頂端有些像喇叭一樣，裏面有很多雄蕊，待花完全開放後，即慢慢閉合。整個過程只有 3 — 4 小時，所以便有 Queen of the Night 和 Night-blooming Cactus 的英語名稱。

關於曇花短暫開花的原因，可從其原產地的氣候條件來解釋。它原生於美洲熱帶的墨西哥沙漠中，該處氣候既旱且熱，在這樣的自然環境條件下，經過長時期的鍛煉和適應，養成了耐旱特性，為生存而作出變異。它的葉子退化成小針，以減少水份蒸發；枝條變得扁平，且有綠葉體，代替葉部進行光合作用，製造食料以維持生長。白天溫度高，水份蒸發大，沒有足夠的水份來進行花的開放，待晚間氣溫較低，水份蒸發較少的時候才開花。花開後約 4 小時即謝，是由於開放後全部花瓣張開，水份向空中蒸發，而吸收的水份有限，不能長期維持花瓣的「細胞形成壓」，所以，在水份不足的

情況下，花就凋謝。另一方面，在墨西哥沙漠中，晝夜的溫度相差較大，所以，曇花要到晚上八、九點鐘後，溫度降低時才開花。

事實上，各種植物的開花時間和花期長短，都有一定規律。例如牽牛花早上開，中午謝；午時花上午開，晚上落，各有其特性。還有不少仙人掌科的植物，也在晚上才開花，開放的時間也短，只不過它們的花朵細小，所以就不如曇花那樣引人注意吧！

每個「植物種」的形成，是它在生長發育過程中，長期適應周圍環境的結果，也可說是自然選擇的產物。「植物種」的特性就是一個種的遺傳性，在短暫期內是不易改變的。因此，曇花引進華南栽培幾百年，仍然保持晚上開花的特性。

量天尺（霸王花與火龍果）

在華南地區，曇花有一個近親，叫做「量天尺」，同樣是由墨西哥傳入，兩者生長習性大致相同，但形狀有些變異。量天尺的莖呈三菱形，肉多，長得較高，其邊緣呈鋸齒狀，每 30 厘米左右成節，攀生在郊野樹幹和村落廢牆上，可達數米或十餘米，故稱為「量天尺」，別名「霸王鞭」，都是以形狀而名，學名 *Hylocereus undatus*，在希臘文中就是反映這種特性（附生於樹幹上的植物）。其莖為民間常用草藥，可用以治骨傷。它的花朵大約 30 厘米，花管長而呈綠色或淡紅色，於晚上開放，翌晨閉合。鄉人採之曬乾，稱為「霸王花」或「劍花」，可治支氣管炎和頸淋巴腺結核。粵式食肆亦用以煲瘦肉，稱為「霸王花瘦肉湯」，有清熱潤肺之效。如讓其自然生長，花謝後結成細小的漿果。

量天尺

霸王花（照片提供：漁農自然護理署）

　　量天尺傳入中南半島（包括越南、泰國等地）後，因氣候較華南溫暖，生長茂盛。當地農民將其主幹斬去，使其新枝長成叢狀，並培育出較大的變種漿果，果皮有紅色及黃色。紅色外皮即近年在本港市場出現的「火龍果」，其果肉有白色和紅色兩種，內含很多黑色的細小種子，而黃色外皮的則叫做「麒麟果」。由於果肉含豐富纖維，頗受市民歡迎。2015 年的《香港植物誌》（中文版）第一卷，記錄其學名為 *Hylocereus undatus* 'Foo-Lon' 英語中亦有 Night-blooming cereus 的名稱。

仙人掌（刺梨）

　　仙人掌是仙人掌科中的代表性品種，學名 *Opuntia stricta var. dillenii*，它的原產地是南美洲的熱帶地區，亦廣泛分於亞洲的熱帶

火龍果（照片提供：漁農自然護理署）

和亞熱帶沿海地區，在香港則多見於海濱沙灘及鄉村荒地。它是叢
生的肉質小灌木，莖基部圓桶形，木質化；上部份枝寬倒卵形，邊
緣通常呈不規則波狀，基部漸狹，綠色。表面疏生小窠，具黃色小
刺，花黃色，結成倒卵形漿果，先端凹陷，基部狹縮成柄狀，表面
平滑無毛，紫紅色，內含細小的黑色種子。清·乾隆三十年（1765
年），趙學敏《本草綱目拾遺·果》說：「刺梨形如棠梨，多芒刺
不可觸，味甘而酸濇（音圾，意思是不滑），漬其汁同蜜煎之，可
作膏，正不減於櫨梨也。花於夏，實於秋，花有單瓣、重臺之別，
名為送春歸、蜜萼繁英，紅紫相間，植之園林，可供玩賞。」可知
它兼有食用和觀賞價值。

仙人掌的植株及紅色果實

　　仙人掌的果實在原產地除了被鳥獸啄食外，亦成為南美洲土著居民的食物，稱為 Opuntia tuna。十六世紀，西班牙殖民者則稱它做 Indian fig（印第安人的無花果）。二十世紀初，美國人開始培育它作食用，並根據其果實外皮有刺的特點，以及其似梨的形狀，稱之為 Prickly pear（刺梨）。不過，由於它的果皮厚但肉少，故銷路不廣。近年，本港高檔超市間中有售。必須指出，清代所稱的刺梨是否現今的 Prickly pear？抑或是本書第 41 篇〈美麗的野花〉中提及的金櫻子（*Rosa laviegata*），尚待證實。

樹木類

45 東方自然神木
——桑樹

　　1960 年代以前，每年三、四月間，港九街頭便有小販，用竹箕擺賣蠶蟲和桑葉。主婦們都樂意買幾條蠶蟲回家給兒女飼養，桑葉則作它的食料。此舉既可增加孩童生活樂趣，亦可使他們親自觀察蠶蟲生長轉變的過程，從而認識桑葉與蠶絲生產的關係。

　　桑是桑科的落葉中等喬木，有多個品種。最重要的是「白桑」，它廣佈於中國黃河流域以南，直至東南沿海各省，為中國最早栽培的經濟樹種之一，也是古時民宅附近普遍栽種的植物。它的枝條外皮作灰黃色，有皮孔，全株含白色乳汁。葉互生，呈卵形或廣卵形，長 5 — 10 厘米，邊緣有鋸齒，葉片有時作不規則狀裂開，質柔軟，故為蠶蟲的良好食料。花單性，雌雄異株，均排列成腋生穗狀花序，所結成的肉質聚生漿果，稱為「桑椹（音砧）」或「桑棗」，成熟時呈紫紅色，味道酸甜，營養豐富，除鮮食外，也可以製作果醬、蜜餞或果乾，但鮮果因不耐貯藏，故銷路狹窄。

　　桑椹果肉多汁，含有豐富的糖、蘋果酸及多種維生素，吃起來酸甜適口。它雖然比不上大型水果艷麗誘人，但營養價值高。據古籍記載，三國時代（公元 220 — 280 年），魏國曹操領軍，有一次被困糧盡，得鄉人供桑椹解饑。中藥書籍說，它可治消渴、耳鳴、

蠶蟲食桑葉　　　　　　　　　　　　　桑椹成熟時變為紅色，最後呈紫色。

目暗和便秘等。除鮮食外，還可以製成桑椹酒、桑椹糖和桑椹蜜餞。

　　桑樹的其他部份均可作中藥，其根的內皮叫做「桑白皮」，可止咳平喘、利水消腫。桑枝則祛風通絡、解熱鎮痛，桑葉則可疏解風熱、清肝明目。

　　桑樹木材可用以製造農具和家庭器具。古時有一種桑木造的武器名為「桑弧」，即以桑木製造的弓。諸侯凡添丁，會用桑弧架上蓬草造的箭，射向天空四週，表示此子有「四方之志」，正如宋代學者朱熹《晦庵先生朱文公文集》所說：「笑指斜陽天外山，無端長作翠眉攢。豈知男子桑蓬志，萬里東西不作難。」

由公元前至 1930 年代的二千多年間，桑是中國最重要的經濟樹木。當時，蠶絲是織綢緞的原料，而桑葉則是蠶的主要飼料。所以，桑樹的培育和收穫很重要。自漢代起，歷代皇朝每年春季均定期舉行種桑和採桑儀式，由皇帝親自主持，而后妃們也參與採桑。《漢書・文帝紀》：「十三年春二月甲寅，詔曰：朕親率天下農耕以供粢盛，皇后親桑以奉祭服，其具禮儀。」後來又規定民間農地種桑的準則，《魏書・食貨志》：「諸初受田者，男夫一人給田二十畝，課蒔餘，種桑五十樹，棗五株，榆三根。」

桑樹的種植與桑葉採摘

由於蠶桑業的經濟重要性，歷代的農業書籍，都有很大篇幅記述和討論有關種桑養蠶與繅絲的技術。其要點簡述如下：

（一）品種的選擇：要選樹冠矮、葉質柔軟者，以適合蠶蟲的胃口和易於採摘。此外，黃河流域地區因降雨量少，需種植耐旱及蝗蟲不喜咬食的品種。

（二）栽種與收穫：桑農的經驗，桑苗宜用無性繁殖，通常是用壓條法，其成效（產桑葉量）高過用種子育苗。同時要注意，每次適量採葉，以保持桑樹健康生長，通常每年採葉七次。

不過，眾多農書均無提及施肥以補充桑樹生長的養料，以及樹木間種植綠肥作物的措施。另一方面，關於農書上採集工具的繪圖，以至採葉的方式，例如用刀斬樹枝和「桑凡」上落的安全，亦有頗多不理想之處。

<table>
</table>

採桑圖　　　　　　　　　　　　　桑梯圖
（原載於《齊民要術‧種桑》）　　（出自《古今圖書集成‧經濟彙編‧食貨典》）

養蠶與繰絲

這兩項工作較種桑複雜，加工的設備及管理需要較高技藝，各
農書均有頗詳盡的記述。此外，明代宋應星著的綜合工藝典籍《天
工開物》，卷二〈乃服〉有專章論述。

廣東蠶桑業的特色

廣東是古代中國經濟發展較遲的地區，蠶桑業亦然。不過，
到明、清時代，因對外海運方便，廣東珠江三角洲的蠶桑業迅速發
展，成為全國三大產區之一。「南（海）‧番（禺）‧順（德）」
一帶的桑基魚塘耕作制度，尤具特色。其方式是利用魚塘的基壆種
桑，桑葉養蠶，蠶蛹和蠶糞餵魚，魚糞肥塘和塘泥培桑，形成了一
個周而復始的養料循環，符合現代環保概念。第二次世界大戰前，

中國重點大學的農學院，多設有蠶桑系，培訓這方面的技術人員，反映其經濟上的地位。到了第一次世界大戰後，人造纖維的普及，蠶桑業才退出了歷史舞台。雖然如此，桑樹的形態和其各部份的用途，仍然值得我們認識。

對民俗的影響

蠶桑業是勞力密集的行業。十九世紀，南、番、順興起為華南的生產中心，大大增加了當地年青女子的就業機會。除了賺取薪金，她們也締結姊妹情誼，並合資興建房屋，稱為「姊妹屋」，共同過着獨立自主，終生不嫁的生活。當時的未婚女子，普遍梳着一條長辮子，到結婚時才挽成髮髻。而那些「從桑」女子則自行將頭髮「梳起」，成為習慣。其後更形成一種獨特的風俗文化，稱為「自梳」，此舉大大提高了女性在舊社會的地位。二十世紀初，蠶桑業式微後，該等「自梳女」以至農村女子，更多「轉業」為粵港澳大城市的「媽姐」（家庭傭工），到年節時匯款返家鄉，資助親友的生活。

「桑」對語文的影響

「桑」在中國文字構造上較特別。東漢‧許慎的《説文解字》稱：「桑叒（象形），蠶所食葉木，从叒木，息郎切（讀音）。」另有語文學者指出，一般果木名字的組成，大部份都是從「木」旁，而其示意字則在右邊，如松、柏、桂、榕、樟、柿、梅等，只有較特別的品種，木部是置於意義部份之下，如桑、李（木之多果者）

及棠，顯示其經濟或其他方面的重要性。因此，桑在古代有「東方自然神木」之美譽。此外，桑樹又因其白色的樹皮，故有「白桑」之別名。同樣地，它的英語名稱亦作 White mulberry（意為白色的樹皮和紅色的漿果），而它的學名 Morus alba，在拉丁文中亦具此意。

此外，由於桑樹在中國歷史悠久及其經濟重要性，它在古代社會中衍生了一批成語，如「滄海桑田」比喻世事變遷很快；「桑梓」是鄉里同胞的別稱。「桑榆」指桑樹和榆樹。西漢·劉安《淮南子》：「日西垂，景在樹端，謂之桑榆。」太陽西落時，陽光落在桑樹和榆樹之間，也比喻人的晚年。也可以指事物的另一面，例如：「失之東隅，收之桑榆」。東隅是日出之處，意指早晨，比喻開始時在這一方面失敗了，最後在另一方面成功。「閒話桑麻」是指鄰里閒談，如唐·孟浩然《過故人莊》詩云：「……開軒面場圃，把酒話桑麻。……」而「桑間濮上」出自《禮記·樂記》：「桑間濮上之音，亡國之音也。」意思是青年男女幽會、唱情歌的地方。東漢·班固《漢書·地理志》：「衛地有桑間濮上之阻，男女亦亟聚會，聲色生焉。」桑間在濮水之上（現今約位於河南省一帶），是春秋時代衛國的地方，後指淫風流行之處。「指桑罵槐」，指着桑樹數落槐樹，比喻不從正面卻用側面來影射罵人。

總結

隨着紡織業生產模式的轉變，桑樹已失去昔日的光輝，現今各地已很少種植。在新界鄉村，偶然見到幾棵野生者，每到初夏桑椹成熟，纍纍紅果，卻很少人會採食，只成為雀鳥的「大餐」。

樹木類

46 寓木

　　有些小灌木，依附於其他樹木的枝幹上，並長出吸根侵入寄主體內組織，吸取其養份，供自己發育生長，從而危及寄主。如果一棵樹木上有多個寄生者，會使寄主變弱，甚至死亡。這類寄生灌木，古代稱為「寓木」，而寄生者的名稱，多冠以寄主之名，如「桑寄生」、「柳寄生」等。其種類不少，《本草綱目》已列有十多種，而歐洲和北美洲亦有。在香港，較為人知者有三種：桑寄生、槲寄生和「飛榕」，現分述如下。

桑寄生

　　桑寄生，又名「桑上寄生」，亦名「蔦」（音鳥），《本草綱目》解釋：「此物寄寓他木而生，如鳥立於上，故曰寄生、寓木、蔦木，俗呼為寄生草。」因此，「蔦」字在詞典中歸入艸（草）部而非鳥部。它能生在桑樹上，是靠鳥類傳播種子。當其果實成熟時，被雀鳥啄食，種子通過鳥的消化道仍不失其生命力。當鳥類棲息在樹上時，種子隨糞便排出，附在寄主樹皮內，就發芽生根，它的根隨即插入幹部，侵入寄主運輸水份和養料的組織內，吸取其營養。不過，桑寄生本身也有葉綠素，能生產小量碳水化合物，供應自己生

長部份所需。由於它是靠雀鳥傳播，所以寄生植物多出現於寄主的樹冠。

　　桑寄生是桑寄生科的多年生小灌木，學名 *Scurrula parasiticus*。[註一]在分類上，它和桑樹的親緣關係很疏。其莖部呈枝條狀，高約 50 厘米。葉卵形，長 3 — 8 厘米，葉脈稀疏而不明顯，花生於葉脈內，夏秋間綻開，花冠呈狹管狀，紫紅色（故近年改稱「紅花寄生」），結成圓形的小果，到初冬成熟。

　　桑寄生有幾個變種，而且不一定要寄生在桑樹上。據調查，寄主樹種多達五、六十種。在港九道路旁和公園裏生長的大葉合歡和朴樹，冬季落葉後，便可以看到很多枝椏間，長着這些桑寄生。不過，它們的「藥效」可能有些分別。

桑寄生（照片提供：漁農自然護理署）

桑寄生為常用中藥，有活血、消腫和清熱的作用。廣東人喜歡把它和去殼熟雞蛋及蓮子加黃糖同煮，叫做「桑寄生蛋茶」，是大眾化的滋補糖水，市面甜品店都有供應。桑寄生在華南各省均有出產，但以廣西梧州所產的最有名。在該處亦用之浸酒，稱為「桑寄生酒」，色白，味頗清冽，有人譽之為「梧州竹葉青」。

槲寄生

桑寄生有一個親緣很近的品種，就是槲（音酷）寄生，英語稱Mistletoe，學名 *Viscum album*（拉丁文意為白色果實的寄生植物），它的生態和傳播方式與桑寄生，大致相同。在歐洲，一種扁枝槲寄生，學名 *Viscum articulatum.*，用作聖誕節裝飾，掛在住宅門上。同時有「槲寄生下的親吻」（Kiss under Mistletoe）的習俗：當一男一女站在其下時，他們便有權親吻對方，為聖誕節增添浪漫氣氛！然

槲寄生

而浪漫背後，槲寄生其實是不折不扣的「吸血鬼」！

槲寄生為半寄生植物（Hemiparasite），它的根有兩種，一種鑽進樹木的邊材（sapwood），即樹幹的外圍部份，由於樹木從根部輸送泥土中的水和養份至樹冠，槲寄生便從寄主偷走這些原材料供自己進行光合作用。另一種根則鑽進寄主的韌皮層（phloem），即樹木傳送食物（經光合作用後產生的營養）至上下全身的管道，於是槲寄生直接吸取，「坐享其成」。

雖然槲寄生會不停竊取寄主的養份，但頗有節制，避免把寄主弄死。事實上，它特別喜歡寄生在果樹上，貪其養份較多，可見它非常「識食」。另一方面，由於它生命力強，又多子多孫，古代歐洲人因此把它的乾枝掛在家中牆上，以「保佑家宅」。

「飛榕」

「飛榕」即「飛來的榕樹」，是樹藝工作者的一個常用廣州話俗語。它是另類的「寓木」，具有喧賓奪主的本領。

榕樹是美好的樹木，既能美化環境，闊大的樹冠又為人遮蔭。它有一個特點，就是「氣根」——從樹幹上長出，能在空氣中吸取水份和養料的根[註二]。另一方面，榕樹的果實皮軟多汁，含很多細小的種子，雀鳥啄食後，排糞便落在樹木的枝椏或幹上腐穴，種子發芽生長，成為小灌木。稍後其氣根伸展，絞殺寄主，奪其位而成獨立的新樹。鳥糞如落在建築物的罅隙，也能在缺少水份的牆上生長。在香港島，尤其是中西區就有不少護坡牆長有榕樹，俗稱「石牆樹」，有很多甚至已有近百年的樹齡，成為「地標」。不過，石

石牆上的飛榕，生命力甚強。　　　　　　　　榕鬚入土成柱狀

牆樹的存在亦引起不少隱患，例如樹木老化或修剪不當等保養問題，每當颱風吹襲時，可能因倒塌而造成傷亡。

另一方面，飛榕附生於樓宇上，其氣根慢慢地深入牆壁，削弱其建築結構，最後更危及居民安全，這類例子頗常見。1972 年 7 月 27 日，本港《南華早報》就刊登了一宗新聞，並有相關相片為證：「港島中區般含道一座住宅樓宇，飛榕為患，引致後座廚房崩裂，政府工務局將之列為危險建築物。經過一番拖延，業主惟有將全座拆卸重建。」

註一　　　此品種的學名過去長時期稱為 *Loranthus chinensis*。
註二　　　榕樹的氣根俗稱「榕鬚」，指它從橫枝下垂，如人之鬚。當下垂至地面即伸入土，發育成另一棵新樹，兩者並立相連，俗稱「連理」。而榕鬚亦有祛風濕、活血、止痛等藥療功效。榕樹雖然能美化環境，但其枝幹扭曲，不能作木材，加上樹液膠質多，不易燃燒，故甚少被斬伐，得享天年。由於它「容於斤斧」故曰「榕」。古人造字，確有道理！

47 樹木的情愛故事

花草樹木的命名，除了是根據其形狀、生長特性、枝葉與果實的用途外，有時更涉及社會的事物。本地的兩種樹木——相思和合歡，其緣起就是與古代的愛情故事有關。

橫刀奪愛

晉代干寶《搜神記》載，春秋時代宋國[註一]的康王在位時，垂涎大臣韓憑妻子何氏的美色，用計奪之為妃。韓憑因此憂鬱而死，不久何氏也自盡。民眾雖然同情兩人的遭遇，但不敢將他們合葬，惟有分葬於相對的山坡上。不久，兩坡之間長出一樹，而且常有鴛鴦一對，到樹上交頸悲鳴，聲調感人，似兩相掛念，該樹遂有「相思」之名。此後，民間很多與男女愛情相關的事物，都以「相思」而名。

華南地區的相思樹，是含羞草科、金合歡屬的喬木，廣泛分佈於亞洲的亞熱帶地區。有多個品種，其中一種在二十世紀初由

台灣相思的黃色花朵

台灣傳入華南，所以稱為「台灣相思」（學名 *Acacia confusa*）^{（註二）}。因它能在瘦瘠的泥土生長，二次大戰後在香港植林工作中廣泛採用，被稱為「植林三寶」之一。但其樹形彎曲，中年後病蟲害多，故近年逐漸被本土品種所取代。二十世紀初，廣東新會學者梁啟超，曾寫了一首《台灣竹枝詞》詠此樹：

> 「相思樹底說相思，思郎恨郎郎不知；樹頭結得相思子，可是郎行思妾時。」

紅豆相思

唐代著名山水詩人王維，寫了一首題為《相思》的五言絕句：

> 紅豆生南國，秋來發幾枝。
>
> 願君多采擷，此物最相思。

把華南灌木紅豆與相思，結成一個詞語，以表達戀愛期男女相思的情意。

後來，因這詩有多個版本，詞語不盡相同，包括：秋來作春來；願君作勸君；采擷作採摘，引起了古今文人對「相思」或「相思子」的興趣與爭論，各有所據，何者為是難以定論。

2019 年，香港中文大學生命科學學院胡秀英植物標本館的畢培曦教授，在《日日植物日》的〈紅豆話相思〉中用有關詩句版本出現的年代，與現代植物分類學的分析綜合，認為該品種為蘇木亞科的紅豆樹，學名為 *Ormosia hosiel*。

新歡奪愛

唐代大詩人杜甫，於「安史之亂」時，避居四川成都，聽到當地一位婦人遭薄情丈夫拋棄的事情，於是寫了一首題為《佳人》的五言古詩以詠其事，當中有下列幾句：

……夫婿輕薄兒，新人美如玉。

合昏尚知時，鴛鴦不獨宿。

但見新人笑，哪聞舊人哭？

詩中「合昏」即合歡。它是含羞草科的合歡屬樹木（學名 *Albizia lebbeck*），與台灣相思的親緣很近。其羽狀複葉白天展開，黃昏時閉合，因此名為「合昏」或「夜合」。其葉對生，晝開夜合，交歡如一，因此稱為「合歡」，因其閉合特性猶如男女膩情互擁，古人常以之形容男女之情。

大葉合歡的白色花朵（照片提供：漁農自然護理署）

樹木類

281

馬纓丹的花朵與果實（照片提供：葉子林）

此外，合歡初夏開粉紅色花朵，花瓣上半紅、下半白，散垂如馬纓（古代繫於馬匹頭部的穗狀裝飾），因此，合歡又有「馬纓花」之別名。清代嘉慶《新安縣志》卷三〈物產・花〉稱：「馬纓花，赤如馬纓，其花下垂，一條數千朵，樹高丈許，有白有桃紅，而大紅鑲邊，猶異種也。」﹝註三﹞香港「開埠」後，曾從熱帶非洲引入一種與它親緣很近，形狀較高大，花作黃白色的大葉合歡（學名 *Albizia julibrissin*），植作行道樹，新界租借後闢建的大埔道和青山道兩旁尤多。由於其樹幹巨大，但年長的樹幹基部因膨脹而常逼爆馬路旁的石條，故近年已少種植。

註一　宋國位於今河南省商丘縣，為春秋時代「十二諸侯」之一，後為齊國所滅。
註二　*Acacia* 源自希臘文，指它像一種樹幹有膠液流出的埃及樹木——阿拉伯膠樹（學名 *Senegalia senegal*，前稱 *Acacia senegal*）。
註三　本港有一種生長於野外空曠地方的灌木，其位於枝頂的花朵，細小而顏色繽紛，但枝具小刺，葉發臭味，俗稱「臭花草」，正式名稱為「馬纓丹」。它是馬鞭草科的多年生常綠植物，學名 *Lantana camara*。原產於熱帶美洲，十七、八世紀時由西班牙殖民者傳入中國東南沿海各省，初植作觀賞，後逸為野生。曾有人說，「馬纓丹」之名，指其花如「馬纓花」般美麗，但其小球果成熟時由綠色轉為黑色，頗像中國人昔日治病服食丹丸，這樣的解釋也不無道理。更有人說，馬纓丹是魔鬼與天使的混合體，源於它兼具臭和美。清・嘉慶《新安縣志・物產・花》所列的馬纓花，應是合歡（學名 *Albizia spp.*）的花朵。

48 談桂

　　中國古典文學，特別是詩詞和成語，有時為了簡省字句，或配合文體，會採用單一字代表植物名稱，這種做法容易引起混淆。長江以南的兩種木本植物——桂花和肉桂，就是例子。在古代書籍裏，它們都稱為「桂」，但兩者的植物分類、生長形態、產物品質的利用，以及歷史故事也不同。

桂花

　　「桂」在多數的情況下，是指桂花（別名木犀、九里香和巖桂）。它是木犀科的常綠大灌木，學名 *Osmanthus fragrans*，希臘文 *Osme* 指氣味，與花 *anthus* 結合成為語；*fragrans* 則是芳香的意思）。其葉對生，革質，橢圓形，長 5 — 12 厘米，寬 3 — 5 厘米，幼樹的葉邊緣有鋸齒，老樹者則多全緣，兩面均光滑無毛。花黃白色，細小，約 3 — 5 朵組成聚傘花序，或簇生於葉腋，開放時有香氣。自古以來，是常見於庭院及寺廟的觀賞花木。它秋季開花，故常有「秋桂」的描述。古人以「桂」為秋月的代表，稱月宮為「桂宮」，以「桂魄」比喻月亮。傳說中吳剛因修道不努力，被罰於月亮裏「伐桂」，所伐的樹就是桂花。

　　明、清兩代考舉人的鄉試，通常在農曆八月中舉行，時值桂花

桂花（照片提供：彭玉文）

盛開，有一句成語「蟾宮折桂」，用以祝賀高中，源出於《晉書·
郤詵傳》：「（公元約236年）（晉）武帝於東堂會送，問詵曰：『卿
自以為如何？』詵對曰：『臣鑑賢良對策，為天下第一，猶桂林之
一枝，崑山之片玉。』」以月宮裏的一段桂枝，和崑崙山上一片美
玉來形容特別出眾的人才，由於蟾宮即月宮，故稱「蟾宮折桂」。
再者，桂又與蘭合成了「蘭桂騰芳」與「桂馥蘭薰」兩句成語，同
樣是用來讚美他人子孫賢良之意。

除了觀賞價值外，綻放的桂花花朵，也成為菜餚的提味品。江
浙食譜中，就有一道佳餚以肉片、黃瓜片、黑木耳和雞蛋一起炒，
起鍋前加入鮮桂花，成為美味的「木犀肉」。傳至北方，訛為「木
須肉」。

野史記載，杭州夏季的荷花美景，以及秋天芳香的桂花，幾乎
改變了南宋的命運。北宋末年（公元1101 — 1127年），遼、金兩
個北方外族，先後入侵中原，攻佔汴京（河南開封），並擄去徽宗

及欽宗兩個皇帝。宋室部份子弟及大臣，南逃過長江，在錢塘江口的杭州，建立陪都（即臨時首都），稱為臨安。隨着大批漢人南移，江、浙一帶，日趨繁榮。當時一位著名文人柳永，填了一首《望海潮》的詞，盛讚當地富庶，城市風景優美。其中「三秋桂子，十里荷花」，尤具吸引力[註一]。據南宋羅大經撰的《鶴林玉露》〈丙編·卷一〉記載，當時據有中原的金國君主完顏亮，傾慕於杭州美景，曾起投鞭渡江之意[註二]。不過，當時蒙古人已在漠北崛起，金國腹背受敵，完顏亮好夢難完。南宋國祚，得以延長數十年。

肉桂

　　有些植物的樹皮、枝葉、花朵、果實或種子，含有特殊的氣味，可作多種用途。華南的肉桂，就是著名的一種。它的樹皮和枝葉，含有肉桂醛（Cinnamic Aldehyde），具特殊香味。自古以來，是珍貴的香料。將桂樹皮的切片，置於酒中，成為香氣獨特的「桂酒」。另一方面，桂皮更可入藥，有驅風健胃、活血祛瘀、散寒止痛之效。《神農本草經》更說：「久服不老，面生光澤，媚好常如童子。」

　　肉桂又作玉桂，古稱「梫（音侵）」，是樟科的常綠中等喬木，學名 *Cinnamomum cassia*。它原產於廣西省（所以該省簡稱「桂」），雲南和廣東亦有少量分佈，均為變種，故別名眾多。宋代范成大的《桂海虞衡志·草木》[註三]稱：「桂，南方奇木，上藥也。桂林以桂名，地實不產，而出於賓、宜州（今廣西省中南部賓陽市一帶）。凡木葉心皆一縱理（一條主脈），獨桂有兩紋，形如圭[註四]製字者

肉桂的三條葉脈（一粗兩幼）　　　　　　　　　　　　　　肉桂棒

意或出此。葉味辛甘，與皮無別，而加芳美，人皆咀嚼之。」

　　肉桂在山野生長，有一種特性，就是有點「霸道」。據《呂氏春秋》說：「桂枝之下無雜木，味辛故也。」意思是說其樹中含有辛辣物質，使其他品種植物無法在其蔭下生長。所以，中國古書《爾雅‧釋木》曰：「梫，木桂。」，即「侵害其他樹木」之意。而西晉《南方草木狀》卷中〈木類〉說：「桂，出（廣西）合浦（縣）。生必以高山之巔，冬夏常青，<u>其類自為林</u>，<u>間無雜樹</u>。</sup>（註五）</sup>交趾（今越南北部）置桂園。」因為這種特性，古代有「薑桂之性」的成語，出自《宋史‧晏敦復傳》：「況吾薑桂之性，到老愈辣，請勿言。」（參考本書第 2 篇〈說薑〉第 7 段），意為性格愈老愈堅強，能抵擋外來壓力。

　　除了中國外，亞洲的中南半島和印度次大陸，長久以來，都有種植肉桂，當中以斯里蘭卡（舊稱錫蘭）所產尤佳。古時，其所產的桂皮多數經西亞輸往地中海一帶城市銷售，獲利頗豐。由於產地廣闊，樹的變種很多。它在希臘文中稱為 *Kinnamon*，是源自古代

閃米特（Semitic）人的閃語 *Kinnámōmon*，當中以一種稱為 Cassia 的品質最好。不過，其名字與另一種本屬於臘腸樹屬，學名稱為 *Cassia* 的植物是名同異物。故現代植物分類定該種肉桂的學名為 *Cinnamomum cassia*（2007 年英文版的《香港植物誌》第一卷，曾作 *Cinnamomum aromaticum*），現代英語將其可用部份（桂皮）稱為 Cassia bark。又因收穫後樹皮乾燥，自動捲成枝狀，內部通心，故稱為五桂棒 Cassia stick。現今很多熱帶國家，均有出產，價值頗高。

月桂

除肉桂外，樟科中尚有一種稱為「月桂」的常綠小喬木，學名 *Laurus nobilis*，它原產於地中海周邊地區。在古希臘文化中，月桂是獻給主神阿波羅的神聖祭品。當時的希臘人和羅馬人，用其幼枝編織成冠狀或圈狀的「桂冠」，獻給英雄與大詩人，作榮譽與勝利的象徵。而桂冠也成為優勝者的頭銜，例如近代體育競賽場合，也頒給獲勝者。而現今諾貝爾獎得主也稱為 Nobel laureate，亦與它有關。無獨有偶，中國也曾出現「桂冠」一詞。三國時代，魏國繁欽的《弭愁賦》中有：「整桂冠而自飾，敷綦藻之華文。」意思是編織桂冠以作裝扮，就如使用華美的字詞去鋪排文章。

在實用方面，它的葉片清新芳香，可作提味品。不過，新鮮的葉片苦味稍強而帶草青，故烹煮時多用乾葉。例如西餐廳烹煮「羅宋湯」時，都會加入少許乾葉，以增添香氣。

香港雖然沒有月桂生長，但據《中國高等植物圖鑑》第一冊，內地的江蘇、浙江和福建，以及台灣地區均有栽培。其學名中的屬

月桂的枝葉

名 *Laurus*，就是英語 Laurel（俗稱 Bay tree）的拉丁文名稱。

　　總括來說，桂花、肉桂和月桂，都是「嘉木」（即美好的樹木）。

註一　柳永《望海潮》（東南形勝）。全文如下：
　　　「東南形勝，三吳都會，錢塘自古繁華。煙柳畫橋，風簾翠幕，參差十萬人家。雲樹繞堤沙，怒濤卷霜雪，天塹無涯。市列珠璣，戶盈羅綺競豪奢。重湖疊巘清嘉，有三秋桂子、十里荷花。羌管弄晴，菱歌泛夜，嬉嬉釣叟蓮娃。千騎擁高牙。乘醉聽簫鼓，吟賞煙霞。異日圖將好景，歸去鳳池誇。」

註二　原文曰：「此詞（《望海潮》）流播，金主亮聞歌，欣然有慕於『三秋桂子、十里荷花』，遂起投鞭渡江之志。」有傳說完顏亮更即興寫詩《題臨安山水》：「萬里車書一混同，江南豈有別疆封？提兵百萬西湖上，立馬吳山第一峯。」的確豪氣萬千！

註三　范成大是宋代著名田園詩人，為官時曾主管廣西多年（當時稱為靜江府），任內很關注當地風物。離任前寫成此書，可說是宋代的「廣西風物誌」。「虞衡」（山虞、林衡）是古代掌管土地和林木的官職名稱。

註四　圭，亦作「珪」，古代帝王或諸侯在舉行典禮時拿的一種玉器，外形呈上圓（或劍頭形）下方（圭的棱角，喻鋒芒）。《說文解字》曰：「瑞玉也。瑞者、以玉為信也。上圜下方。」此外，范成大所說：「獨桂有兩紋」，實誤。其實，桂葉有三紋（中間一條主脈，兩旁各有一條輔脈）。據《本草綱目》：「其菌桂，葉似柿葉，中有縱紋三道，表裏無毛而光澤。」請參閱 286 頁相片。

註五　植物學者稱這種現象為「排他性」。有些植物通過本身的根、莖或葉，向周圍環境分泌特有的有機物質，能抑制別種植物生長，甚至令其死亡。（資料來源：北魏·賈思勰原著，繆啟愉校釋《齊民要術校釋》卷十〈桂〉，第 848 頁，中國農業出版社，北京，1998 年。）
　　　另一方面，植物書籍亦記載，中國東南省份和日本也有一種稱為「桱木」，是杜鵑花科的野生灌木，學名 *Pieris japonica*，亦具排他性。

49 椒的世界

中國人的食材中，具有辛辣味道的植物，除了前述的「五辛」外，尚有「椒」，它包括土產的花椒，及從外國引入的胡椒和辣椒。

花椒

花椒是芸香科的落葉大灌木，學名是 *Zanthoxylum SPP.*。*Zanthoxylum* 在拉丁文中意為黃色的木，英語作 Peppery ash，意指辛辣味的灰木。它的枝幹有短刺，葉為奇數羽狀複葉。花開夏季，果實帶紅色，可作食品香料及藥用。因種植地區廣泛，故在古籍中分別稱為秦椒（秦嶺地區，即陝西一帶）、蜀椒（四川）和山椒（山東與遼寧）。因生長環境不同，其果實的品質有些分別。

除作為香料調味品外，戰國時代（公元前 476 — 221 年），人們已用花椒的果實浸酒，供年節時飲用，稱為「椒酒」。自漢代起，它更被用作宮殿內美化皇后的居室，做法是以其果實的汁液，混以白灰，塗上牆壁，使室內長年皆含香氣。天氣寒冷時更會散發溫暖，故此「椒房」就成為皇后內室的代名詞。[註一] 西晉時代，全國首富石崇，也曾僭用此方式裝飾其大宅，以炫耀財富。

胡椒

　　胡椒是胡椒科的多年生藤本，學名 *Piper nigrum*。其主莖長
7 — 8 米，節間生氣根，纏繞它物，故種植時需用竹木作架，以支
撐枝葉生長。葉卵形，前端尖細。花白色呈穗狀，雌雄異株。結成
球形小漿果，直徑約 7 毫米。成熟前由綠色變紅色，收摘後曬乾，
果皮變黑色，稱為「黑胡椒」。將黑果皮除去，內呈白色，稱為「白
胡椒」。胡椒種植三年後開始結果，到七年左右進入盛產期。將果
實磨成粉狀，可作調味品，亦有藥療效用。

　　胡椒原產於印度西南部馬拉巴海岸（Malabar Coast）的喀拉拉
邦（Kerala State），長久以來，當地人將果實作敬神和食用。古時
已傳至印度各邦、中南半島和南洋各島國種植。另一方面，它由阿
拉伯人循水陸兩路傳入西亞及地中海地區，廣泛為當地人士用作調
味品。因此，胡椒的國際貿易日趨興盛。由於利潤豐厚，引起歐洲

黑胡椒與白胡椒

人對東方香料植物的重視。

公元 1492 年，信奉伊斯蘭教的土耳其人攻佔黑海海口的君士坦丁堡（Constantinople），並改稱為伊斯坦堡（Istanbul）。橫跨西亞大陸輸入歐洲的黑胡椒貿易隨之中斷，一時之間衝擊了整個歐洲。胡椒貿易的中斷，嚴重打擊了地中海國家的經濟，他們於是派出海洋探險隊，探索已知與未知的世界角落，找尋適當的替代品。不久，他們找到了胡椒的原產地和多種東方香料植物，如丁香和肉豆蔻。

十五世紀末，葡萄牙人的船隻，繞過非洲南端好望角（Cape of Good Hope），到達印度馬拉巴海岸。見到胡椒植株遍野，於是稱其地為胡椒海岸（Pepper Coast）。

中國書籍最早記錄胡椒的，是《後漢書‧西域傳‧天竺國》：「天竺國，一名身毒（讀作捐篤），在月氏（讀作肉支）之東南數千里。……西與大秦通，有大秦珍物。又有細布、好毾𣰆（一種織有花紋圖案的毛毯）、諸香、石蜜、胡椒、姜（即薑）、黑鹽。」（天竺和身毒都是中國古代對印度的稱謂，大秦是指東羅馬帝國）。至唐代段成式《酉陽雜俎》前集卷十八《廣動植之三‧木篇》，始詳為之述云：「胡椒，出摩伽陀國（Magadha，即今印度的比哈爾半島 Bihar Peninsula），呼為『昧履支』（Marica）。……形似漢椒，至辛辣。六月采，今人作胡盤肉食皆用之。」因傳自外國，故稱之為「胡椒」。其學名 *Piper nigrum*，前者為其印度古名，後者指其果皮黑色，英語作 Black pepper，意亦相同。胡椒是熱帶植物，現今印度、馬來西亞、印尼和巴西是全球最重要的產地，而中國的海南島

和台灣，也有種植。胡椒產品均以食用為主，通常是將果實炒熟，磨成碎粒或粉狀，以方便運輸至市場銷售。現今已成為全球最通用的調味品。

歐洲人首先接觸胡椒的，是古希臘馬其頓王國的亞歷山大大帝（Alexander the Great）。他征服波斯後，於公元前 326 年，進軍印度西北部的旁遮普邦（Punjab）。當時，該處的居民稱胡椒為 Pippali（梵文），他將其寫為 Pipali，並帶返歐洲，再改寫為 Pepper。其後，在多個歐洲國家演變為相似的名稱，例如德語 *Pfeffer*、法語 *Poivre* 等。

古代胡椒的經濟價值高，故成為行賄官員的「珍品」。唐代宗（公元 762 年）的宰相元載，因貪贓枉法而被治罪，抄家時發現其家中藏有胡椒八百石之多。宋代羅大經《鶴林玉露》云：「臭襪終須來塞口，枉收八百斛胡椒」。故此，後世以「胡椒八百石」暗指官吏斂聚非法之財。無獨有偶，古代阿拉伯商賈行賄歐洲稅吏，亦以若干重量的胡椒，作為「黑交易」的「單位」。

十六世紀末，荷蘭人（當時華人稱之為「紅毛夷」）侵佔台灣，強迫土著種植和炒製胡椒，他們逃入深山，荷人於是拐擄廣東及福建沿海華人以代。清初《廣東新語・草語・椒》就記錄了這段史實：「椒，產廣州者，色淺皺少不大辣，名曰土椒。以來自洋舶者，色深黑多皺名胡椒者為貴。胡椒產紅毛國（指荷佔的台灣），亦蔓生，常時紅毛鬼子乘大艍（十七、十八世紀歐洲的戰船）來，擄掠唐人以炒椒。椒氣酷烈有毒，役至年餘則斃。得唐人價值百金，輒埋下體地中，以防其逸。故廣（東）人以為大患。」

辣椒

辣椒是茄科的一年生（溫帶）或多年生（熱帶）的灌木狀植物。葉卵形，開小白花，結成漿果，有長形、朝上如「指天椒」或垂下等多個品種，大小不一。成熟時果皮光滑，由綠色變為紅、黃、紫等顏色，果肉藏很多細小的種籽，內含辣椒素（capsicum），其學名 *Capsicum spp.* 亦由此而來。辣味強弱則因品種而有差別，更有完全不辣的「甜椒」。

辣椒原產於熱帶美洲，分佈廣泛，是土著民族的食料，其栽培歷史長久，古時曾被用作貿易媒介。十五世紀末，西班牙殖民者到達南美洲西岸的智利（Chile），見到當地土著阿茲特克人（Aztec），稱辣椒為 Chili（原意為寒冷），味辛辣，遂以此為名，及後英語稱之為 Chili pepper。十六世紀，西班牙人將它傳入非洲、歐洲及亞洲的熱帶國家，廣泛種植。

辣椒約在十七世紀由南洋島嶼傳入中國。它首見於書籍，是清．乾隆三十年（公元 1756 年），趙學敏的《本草綱目拾遺》卷八〈諸蔬部〉，稱之為「辣茄」，又名「番椒」或「番薑」。該書並引《臺灣府志》：「番薑木本，種自荷蘭。」可知為荷蘭人侵佔台灣時引入，後來才從該處傳入中國內地。該書又稱：「味辛，性大熱，入口即辣舌，能祛風行血、散寒解鬱，導滯、止瀉瀉。」

辣椒傳入中國後，因對氣候和土壤的適應性強，故在長江以南各處廣泛種植，民間相信它可辟瘴氣。除作蔬食外，更加工製成辣椒醬作為調味品，銷路甚廣。此外，因其果皮顏色鮮艷，餐飲業常將之切絲並適量加入菜餚中，增加視覺效果，間接提升食慾。

辣椒的葉柔軟可作蔬食（照片提供：漁農自然護理署）　　辣椒的枝葉柔軟，須用幼竹扶持（照片提供：漁農自然護理署）

用膠繩網扶持的辣椒植株（照片提供：漁農自然護理署）

黃色長形的燈籠甜椒
（照片提供：漁農自然護理署）

紅色近四方形的甜椒
（照片提供：漁農自然護理署）

橙色錐形的甜椒
（照片提供：漁農自然護理署）

甜椒

辣椒的變種頗多，其中一種變異為蔬食的甜椒（Sweet pepper）。其植株較高大，果實亦然，呈鐘形或燈籠形，故又名「燈籠椒」（Bell pepper），基部凹入成槽紋，果皮光滑，有青色、黃色、紅色及橙色。皮厚肉多汁，爽脆，無辛辣味，是製作沙律的佳品，亦可與肉類炒食，營養豐富。此外，其葉亦可作蔬菜食用。

椒的俗語

椒類植物與人類生活關係密切，故在語言中產生了一些與它有關的俗語，例如，廣州話將作風活躍，或手段厲害的人稱為「辣椒

各種顏色的甜椒
（照片提供：漁農自然護理署）

各種形狀和顏色的甜椒
（照片提供：漁農自然護理署）

仔」。近年，香港特區政府為遏抑過份熾熱的樓市，尤其是非自住
需求，及外來資本炒賣行為。於是大幅提高買賣物業的印花稅，社
會人士稱之為「辣招」。

　　在英語國家，Pepper 一詞很普遍，意義亦多。十九世紀時，更
有一首相關的「繞口令」（Tongue twister）：

If Peter Piper picked a peck of pickled peppers

Where's the peck of pickled peppers Peter Piper picked ?

註一　　據東漢‧應劭《漢官儀》（朝廷典章制度之書籍）：「皇后稱椒房，取其實
　　　　蔓延盈升。以椒塗室，亦取其溫暖。」此後，「椒房」成為皇后住所之稱。
　　　　唐代白居易《長恨歌》：「……梨園子弟白髮新，椒房阿監青娥老。……」
　　　　描寫唐代「安史之亂」平定後，唐明皇李隆基回到長安，見到舊日皇宮中的
　　　　男女樂工和侍從都已老去，不勝傷感。

50 丁香的傳奇

　　香料植物是作物中經濟價值較高的一類。除可直接食用外，亦能提升其他食材味道、防腐，更可清新空氣，改善居住環境。在中國，除了土產的薑、蔥、肉桂和蒜，尚有多種本地和外國傳入的香料，其中最具傳奇性的，就是丁香。

　　在中國古籍中，有兩種樹木都稱為丁香，它們的葉或花朵都帶香氣，可用以清潔口腔。其中原產於中國黃河流域的稱為「雞舌香」，別名「丁香」。另一種「丁香」原產於印尼的馬魯古群島，後傳入印度、歐洲及中國。雖然兩者名稱相同，功用也相似，但非同種類的樹木。（註一）後者除可加入其他食材中，提升其味道外，更

雞舌香的紫色花朵

可作為補品和藥療，故成為中古時代的印度、阿拉伯與歐洲地區的重要商品。因利之所在，後來引起西歐各航海國家前往爭奪。

雞舌香

又名「丁香」、「丁子香」、「釘子香」和「紫丁香」，是木犀科的常綠小喬木，學名 *Syringa oblata*，[註二] 原產於華北，後來在華中亦有種植。北魏‧賈思勰《齊民要術》稱：「俗人以（其花蕾）似釘子，故呼為『丁子香』或『釘子香』。」唐代藥物學家陳藏器稱：「（它）花實叢生。其中心最大者如雞舌，擊破有順理，而解為兩向如雞舌，故又名雞舌香。」

因含香氣，古時被用作宮庭的「潔口劑」。據東漢‧應劭所著《漢官儀》，朝廷規定大臣入宮覲見皇帝，必須先在宮門外，用官方預備的雞舌香咀嚼以「潔口」，才可到皇帝面前說話。據此，民間出現了「含香」、「含雞舌」兩個詞語，意為「在朝為官」（打

雞舌香，乾花蕾形狀似釘，是珍貴補品。

皇家工）或「為人效力」。後來，富家女子也喜以它來「香口」，並成為一種風尚。此風更被文人用詩詞來描寫口含雞舌香的美女，如宋代歐陽修的《惜芳時》：「丁香嚼碎偎人睡」；南唐李煜（李後主）的《一斛珠·曉妝初過》：「向人微露丁香顆。」此外，它亦有藥療效用，可治口腔疼痛、牙肉生瘡等。

丁香

　　丁香是桃金娘科的常綠喬木，學名 *Syzygium aromaticum*，原產於印尼東北部的馬魯古群島（Maluku Islands，或作 The Moluccas）。[註三] 它的花蕾有紅、黃或白色，其形狀如釘，開放時有香氣。自古以來，當地土著已知道它有藥療效用，習慣將其葉和花揉碎，放入鼻孔，或含於舌下，以隔除邪氣侵入人體內部。

　　馬魯古群島的丁香，約在宋代傳入中國。南宋年代，周去非《嶺外代答》和趙汝适《諸蕃志》，均有記錄，多稱為「洋丁香」。相信是當時以「朝貢貿易」方式，經福建泉州輸入。到了元代，汪大淵《島夷誌畧》記錄了他曾到達該群島（他譯作文老古島），稱：「地產丁香，其樹滿山，然多不常生，三年中間或二年熟。有酋長，每歲望唐舶販其地，……」又指出唐人以多種中國產品與土著交易。到了清代，《南越筆記》載：「丁香生廣州，木高丈餘，葉似櫟（音歷，一種落葉喬木），花圓細而黃，子色紫，有雌有雄，雄顆小，稱公丁香。雌顆大，其力亦大，稱母丁香。從洋舶來者珍。番奴口嘗（常）含嚼，以代檳榔。……」可知，當時廣州已有丁香生長，但可能因氣候原因而未能結果。

丁香的花都長於樹的冠部，而一般成長的樹較高，故採集工作費時，因此成本較高，售價亦貴。它在中古時代，經印度傳至西亞和地中海地區，成為香料和調味品。其後的幾個世紀，透過西亞的海、陸兩線貿易，使香料商人賺了大錢。

丁香傳入歐洲後，除了作為香料外，亦成為長者的「補品」。據當時歐洲的草藥書籍說，冬季寒冷時，長者晚間飲用一杯加入丁香粉的牛奶，能由頭暖到腳趾，一睡到天亮云！

到十八世紀，丁香更被歐洲的牙醫用作潔口劑和麻醉劑。現代很多牙膏，其製造材料中都含有丁香成份。

香料群島爭奪戰 ^(註四)

十五世紀前，丁香以及其他東方香料植物^(註五)的確實生長地點，對歐洲國家來說是個謎。1511 年，一位葡萄牙船長沙路（Francisco Serrão）到達印尼的馬魯古群島，並在丁香產銷的中心德那第（Ternate）登陸。他和當地酋長混熟後，被委任為「顧問」。不過，他經常醉酒並與土女鬼混，樂不思蜀，後來因病去世。不過，他死前把「香料群島」的位置及航線座標，派人告知同鄉——另一著名航海家麥哲倫（Ferdinand Magellan）。葡萄牙政府於是派出多艘兵艦前來，佔領該群島，並規定附近所產丁香，必須先運返首都里斯本，然後在本國內發售，因此葡萄牙國庫豐收。

香料群島位置圖

　　十六世紀中葉，葡萄牙因政變，一度被西班牙兼併，對香料群島的控制鬆弛，引致後起的航海國家如尼德蘭（Netherlands，即今荷蘭）、英格蘭（England，即英國）和法蘭西（France，即法國）趁機前來搶奪。最後，荷蘭東印度公司派出 70 艘船艦和 6,000 兵員，奪得該群島。此後更嚴密控制，除屠殺不服從的土著外，更嚴刑對付其他競爭者，此即史稱「安汶島大屠殺」（Amboyna Massacre）。此後長期壟斷了東半球的香料貿易。後來有一名法國人 Pierre Poivre 賄賂了土著酋長，偷運了一批丁香幼苗，西越印度洋，成功移植到東非的法國殖民地馬達加斯加（Madagascar），並將它發展為一項種植企業。

荷蘭對香料群島的統治，到 1941 年末，日本以建立「大東亞共榮圈」為藉口，發動太平洋戰爭，才被推翻。戰後，群島歸入現代的印度尼西亞版圖。

　　現今丁香的種植地區，除印尼的馬魯古群島外，就是東非的馬達加斯加，以及坦桑尼亞的桑給巴爾（Zanzibar）島。三者地理及氣候件件大致相同。

註一　為避免混亂，後人將中國原產的雞舌香，稱為「土丁香」，由外國引入的稱為「洋丁香」。

註二　*Syringa* 在希臘文意為花蕾筒狀，*oblata* 意為闊葉。

註三　馬魯古群島（Maluku，Kepulauan），舊名摩鹿加群島（Moluccas）。印度尼西亞（印尼）東北部一個群島，由哈馬黑拉（Halmahera）、塞蘭（Seram）等數十個島組成。歷史上在每群島嶼均有國王，因此在馬來—阿拉伯語中，Jazirat al-Muluk 意為「諸王之島」。元·汪大淵《島夷誌畧》稱「文老古島」；明代《東西洋考》和《明史·外國列傳》稱「美洛居」。因曾盛產並輸出丁香、肉豆蔻、胡椒等香料，故又稱香料群島（The Spice Islands）。

註四　本節資料來源：

Swahn J. O.: Spices of the East Indies in "*The Lore of Spices: Their History, Nature and Uses Around the World*", pp. 132 － 139, Crescent Books, New York, 1995.

註五　包括肉豆蔻、胡椒、八角等。

51 肉豆蔻

　　肉豆蔻、胡椒和丁香並列為世界三大香料。前者的果實含微辛又甘甜，是提升肉類味道的佳品。

　　肉豆蔻（Nutmeg），是肉豆蔻科的常綠大喬木，原產於印尼的馬魯古群島及其南面的塞蘭島（Seram Island）。它結出近似李子的果實，成熟時果皮轉黃，裏面紅色的種子，就是肉豆蔻。作為香料使用的部份，是包裹種子的假種皮（Aril，種子的胎座變形而成），以及種子的仁（Mace）。這兩部份，由於帶有酸酸甜甜的香氣，多用來製造醬料，亦可用於肉類和糕點作調味品。此外，亦含有會引起幻覺的肉豆蔻醚（Myristicin）。不過，少量食用不會引起健康問題。因此，它的學名就定為 *Myristica fragrans*，反映它的品質和氣味。

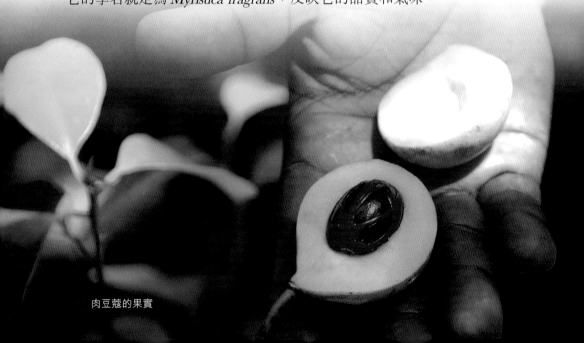

肉豆蔻的果實

在其原產地，肉豆蔻生長於高溫多濕的山嶺。幼年期生長緩慢，約 6 年才開始結果。初期產量不多，而 15 — 30 年為盛產期，到 100 年左右才衰老。此外，它有一種生長特性，就是雌雄異株。由於雄樹不會結果，植後要等到開花期才能分辨其性別。因通常雌少雄多，只留少數雄樹作授粉，其餘的斬伐重植，增加了生產成本。

古代時，肉豆蔻產品由海路及陸路輾轉經西亞運入歐洲，其貿易為阿拉伯商賈所壟斷。由於歐洲人肉食較多，當時沒有冷藏設施，要使用香料防腐及烹飪提味，故歐洲成為主要市場。

中國古代對肉豆蔻所知甚少。唐・陳藏器《本草拾遺》說：「肉豆蔻生胡國，胡名迦拘勒。大舶來即有，中國無之。」到南宋時，與南洋的交通和貿易逐漸發展，主要港口是廣東的廣州與福建的泉州，並在當地設立市舶司（約等於現今之海關），管理外貿及課稅，並委派皇室宗親趙汝适（音括）為「福建市舶提舉」（提舉是官銜），他在任時將所收集的有關資料，編寫成《諸蕃志》，記錄有關各國物產以及對華貿易事務。該書卷下〈志物〉記載：「肉豆蔻，出黃麻駐、牛崙等深番（註一）。樹如中國之柏，高至十丈，枝幹條枝蕃衍，敷廣蔽四、五十人。春季花開，採而曬乾；今豆蔻花是也。其實如榧子（註二），去其殼，取其肉，以灰藏之，可以耐久。按草本，其性溫。」

十六世紀初期，葡萄牙人首先到達馬魯古群島，飲到香料群島的「頭啖湯」。其他西歐各國相繼前來爭奪，最後荷蘭取得勝利，壟斷了東方的香料貿易。不過，後來卻被法國一位植物學家打破，

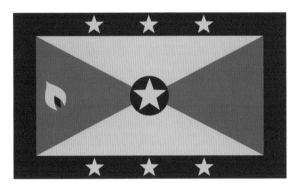

南美洲小島國格林內達的國旗，左邊圖案代表肉豆蔻的果實。

成功偷運種子到她在東非的殖民地——馬達加斯加（Madagascar），建立了肉豆蔻林。不久，英國人也在其南美洲的細小海島殖民地——格林納達（Grenada）成功種植肉豆蔻，並成為該島的經濟支柱產物。二十世紀末，該島獨立，將肉豆蔻果實的圖案，嵌入其國旗的左邊，以反映它對該國經濟的重要性。

註一　　兩者均為馬魯古群島南部之小島。現今南太平洋的印尼和菲律賓兩國，均由無數大、小島嶼組成，故兩國同樣被稱為「千島之國」。

註二　　趙汝适《諸蕃志》：「肉豆蔻，⋯。樹如中國之柏⋯」實情並不正確。按柏樹（Cypress）葉呈鱗狀，而榧樹（學名 *Taxus cuspidata*）是一種針葉樹，俗稱「紫杉」。由於趙汝适是在福建為官時編寫該誌，內容多根據外商提供的口述資訊集結而成，趙氏本人並未到過原產地，故有此誤。

52 木中之竹——桄榔

　　樹木通常是一株主幹，旁出分枝，向上長成散開的樹冠。不過，有少數品種則只有一株筆直而禿淨的主幹而無分枝，只在樹幹頂部長出枝葉和花果。故此，人們稱之為「木中之竹」。在廣東，最具代表性的，就是同屬棕櫚科的三種高大木本：檳榔、椰子和桄榔。前兩者已於本書第 32 篇〈社交果品——檳榔〉和第 33 篇〈熱帶寶樹——椰子〉討論過，現在讓我們談談桄榔的生長及其用途。

桄榔

　　桄榔，學名 *Arenga pinnata*，原產於馬來西亞、印尼及菲律賓，其後傳到鄰近的亞熱帶地區。它首見於中國書籍，是西晉的《南方草木狀》。該書「卷中」載：「桄榔樹似栟櫚（即棕櫚），中實，其皮可作綆（音梗，汲水所用的繩索），得水則柔韌，胡人（此處指南洋土著）以此聯木為舟。皮中有屑如麵，多者至數斛，食之與常麵無異。木性如竹，紫黑色，有紋理，工人解之以製弈枰（即棋盤）。……」後來，南宋《諸蕃志》卷上〈志國·渤泥國〉：「……有尾巴樹、加蒙樹、椰子樹；以樹心取汁為酒。……」據考證，渤泥國即現今的汶萊，而加蒙樹即桄榔，為當地語言的對音（印尼的巽他語（Sundanese）作 Kawang，菲律賓的泰加洛語（Tagalog）作

Kaong。傳入中國後，多植於海南島，但在廣東省亦有少數植於庭園作觀賞。由於它的外形與生長狀態較特別，所以，故在中國古籍裏有不少記載。

桄榔在古代有多個別名：「姑榔」、「麵木」和「鐵木」等。明代《本草綱目・果》解釋：「其木似檳榔而光利，故曰桄榔。姑榔其音訛也。麵言其粉也，鐵言其（木質）堅也。」清代《廣東新語・木》進一步詳述它的形態、種植、生長特性、用途，以及有關的詩詞和諺語，其主要者選錄如下：

「桄榔，似棕櫚而多節。巨者徑二三尺（有點誇大），幹長五六丈，至秒乃柯條相比。葉生於秒，不過數十百葉。葉下有鬚，長短如鹿馬尾，微風動之，蕭疎可愛。花開成穗綠色。子如青珠。每一樹輒有青珠百餘（指花序長、小果多）。條鬚多於葉，珠又多於鬚：風飄颺之，若水簾繽紛而下垂也。廣（東）人遇旱，每以珠結香亭，昇之祈禱，謂可致雨。子紅熟者，連瓤食之頗甜，皮中有白粉，曰桄榔麵。故海南人有『檳榔為酒、桄榔為飯』之語。其心似藤心，以為炙亦滋膄極美。南方奇木故多樬蕉本，而皆可食，桄榔蓋其一云。桄榔一名麵木，語云，毋言天涯，可以為家。食有麵木，飲有酒花。謂此。木色類花黎而多綜紋，珠暈重重，紫黑斑駁。可以車鏇作器。鬚可織巾及掃帚。肌甚剛，可作鎪鋤及槍以代鐵，番人多用之。下四府人[註一]以其小者為屋椽為梁柱。然多空心。與檳榔、椰、蒲葵三種，皆號木中之竹。檳榔葉小椰葉大，二種取其實。桄榔取其材，蒲葵取其葉。一種南椰取其粉，皆南天之奇植也。」

清代時期的廣州社會，桄榔衍生了一句歇後語：「桄榔樹，一條心」，意指男子對愛情專一，不會三心兩意。

此外，1956 年的《廣州植物誌》稱：「桄榔植後 12 年便抽花序，這時將花序割傷便有汁液流出，收集而蒸發之便成砂糖，故日本人稱它為砂糖椰子。」它的英語名字 Sugar palm，即源於此。據此，近年出版的《香港植物誌》改以「砂糖椰子」為正式中文名稱，「桄榔」只作別名。

在香港，桄榔樹數目較少，多作觀賞用。最大的一群，是位於新界元

新界輞井村的桄榔，攝於 2022 年。

朗附近橫洲的輞井村，玄關帝廟前面廣場。筆者於 2022 年 4 月到該處觀察，大小共有十餘株，並攝有相片如上。該村近年「丁屋」發展迅速，幸而玄關帝廟有宗教和風水價值，桄榔樹群相信可獲保存。

註一　清朝時代，廣東省大部份地區由廣州府（簡稱廣府）管轄，其核心地區是珠江三角洲的南海、番禺、順德及香山（今中山、珠海）四個縣份。其經濟及文化較發達，故自稱為「上四府」。而較落後的廣東西部的幾個縣份（高州、茂名等），被稱為「下四府」，是珠江三角洲居民自大心理所產生。

53 佛教聖木——菩提樹

　　佛教源於印度，在東漢時代（公元一世紀）傳入中國，發展為主要宗教之一。它對社會各方面影響廣泛，包括植物及其產品的名稱，菩提樹就是最具代表性者。

菩提樹

　　菩提樹是桑科榕屬的常綠大喬木，原產於印度的熱帶地區。傳入中國後，稱為「菩提」，是梵文 Bodhi（或作 Bodh）的中文音譯。在印度另一些地區，它的名稱是 Pattro，中文音譯為「槃多」、「貝多」或「畢缽羅」。英語則作 Peepul Tree。

　　「菩提」在梵文中意為「思維」或「覺悟」。據說佛教始祖釋迦牟尼，曾在一棵菩提樹下靜坐沉思，看透世間事物本質，是不昧生死輪迴，從而達到「涅槃」的智慧，因而創立佛教。故此，菩提樹在印度成為「聖木」。近代植物學者定其學名為 *Ficus religiosa*。*Ficus* 在拉丁文是 Fig（桑科榕屬的無花果類），*religiosa* 則指其宗教背景。像榕樹一樣，它通常用插技繁殖。[註一]

　　在中國，唐代（公元六世紀）書籍已有記載菩提樹之名，其實早於五代的南梁時期（公元五世紀），高僧智藥三藏由天竺（即今印度）將其樹苗從水路帶到廣州，植於法性寺（即今光孝寺）內，

稍後更傳植到中國各地的佛寺中。不過，現今光孝寺所見的並非原樹，因為它曾兩次被颱風吹塌，最近一次是在清・嘉慶二年（公元 1798 年），後從廣東韶關的南華寺取枝插植回原址。[註二] 此外，由於菩提樹無法在較寒冷的華北地區生長，寺廟多以銀杏樹（白果）替代。

佛教傳入中國後，衍生了多個宗派，其中之一為「禪宗」。據其典籍《壇經》記載，「禪宗」的五祖（即第五代主持）弘忍年老時，決定在眾弟子中選拔接班人。於是囑咐他們各出一「偈」（粵音 gai[6]，佛家所唱有關哲理的詞句，本梵文「偈陀」之略，意約等於中國文學中的「頌」），以表達對教義的理解和心得。上座（大弟子）神秀說道：「身

韶關市南華寺的菩提樹倚牆而生，攝於 1994 年。

是菩提樹，心如明鏡台，時時勤拂拭，勿使惹塵埃。」眾弟子聽到，都讚有道理。然而另一來自窮鄉，文化程度低，俗家名惠能的弟子聽到後，回應一偈：「菩提本無樹，明鏡亦非台，本來無一物，何處惹塵埃。」五祖認為，惠能的偈語更能表達佛家思想的真諦，因為佛門又名空門，萬物皆空是也！於是將「衣鉢」^(註三) 傳給他，成為「禪宗」六祖，法號「慧能」。

在廣東，菩提樹除植於佛寺，亦有種於民居及行道作觀賞。它高 15 — 25 米，樹冠廣闊，枝幹平滑，皮呈灰色。葉革質，呈三角或卵形。基部截平至淺心形，頂端伸展成尖尾狀，故風吹時葉片轉動，如雨點驟至。其花隱蔽，生長於樹皮下。果實小而圓，成熟時如紫色的葡萄果粒，故稱為「菩提子」，全株生長較一般本地樹種緩慢。它的葉片加工後成為「菩提紗」。

菩提紗

菩提樹的葉片有一特點，將它浸在水裏幾天後，其綠色纖維會逐漸分離，用水漂淨，只剩下脈絡及邊緣，宛如薄紗，俗稱「菩提紗」，可以在其上面寫字作畫，又可嵌作窗紗或燈罩的紗布，更可用以作書籤。1960 年代前，本港的書局和文具店，多有出售^(註四)。

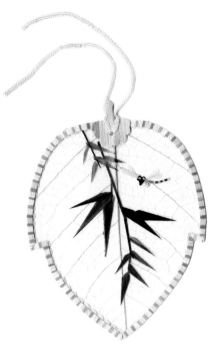

作書筷用的菩提紗

念珠與菩提子

佛教徒有一個習慣，就是靜坐誦念佛經時，手持一串小珠子，每念經文一遍，就撥一粒珠子，以記錄次數，故稱為「念珠」。珠子可用不同木料或其他各種物質製成，包括薏苡的穀粒（參閱本書第 28 篇〈薏苡明珠〉）。自佛教傳入中國後，因其形狀顏色似細小而呈紅色的葡萄果粒，故念珠被稱為菩提子，其實兩者並無直接關係。

菩提樹形狀優美，但它有兩個缺點，其一是它果實成熟落地後，被行人踏成漿狀，令種子遍地，污染街道。另一方面，雀鳥啄食後，排泄於建築物的罅隙，種子發芽生長，成為小樹，其根部逼爆牆壁磚石，影響建築物結構。這是榕樹類的通病。

木製的念珠串──菩提子

佛教與樹

2021 年 12 月 4 日，本港《明報》副刊版〈世紀‧不着一字〉專欄，登載了一篇題為〈菩提樹下〉的文章，作者是加拿大多倫多大學（專門研究佛學）的人文學者邵頌雄教授，內容講述印度菩提樹的歷史事蹟。部份資料源自邵教授一位曾在倫敦大英博物館（British Museum）工作多年的印度裔朋友，內容頗具啟發性，故輯錄部份與讀者分享。

獅子國（今斯里蘭卡）的菩提樹，是從印度釋迦牟利在其得道的「聖樹」分枝移來。「聖樹」後來枯死，於是從獅子國取枝重回原址補植（情況與廣州光孝寺的菩提樹相似）。邵教授文中最後一段題為：「佛教中『樹』的象徵意義」。

事實上，「樹」於佛教文化中，具有重要的象徵意義。南傳佛教衛塞節（Vesak）紀念的佛陀誕生、成道、入滅三大事，恰恰都與「樹」有關：據佛典記載，摩耶夫人於無憂樹下誕下釋迦牟尼；釋迦於菩提樹下成道；釋迦於兩棵娑羅樹之間入涅槃（離開人世）。於菩提伽耶重新栽種的菩提樹，因是從闍耶室利摩訶菩提樹接枝而繁衍，故亦被視為原樹的延續，當中也間接反映了佛教徒視佛法由佛陀親傳、經歷代祖師無間斷地弘揚至今的信仰。不同的佛家宗派，就如菩提樹原樹經遷插而成的樹木，於各地開花結果之餘，都以承繼如來正法而自持。[註五]

菩提樹的禮敬，當如玄奘法師所言：「以表菩提樹給釋迦佛遮蔽艷陽之恩，及對佛陀之感念和追思」，僅此而已。也有認為以「菩提子」做佛珠，持誦別有功德，然所謂的「菩提子」，並非菩提樹

的果實。

　　由名字而起妄想，本亦為佛法教誡。所謂「菩提本無樹、明鏡亦非台」，學人對菩提樹毋須過於執迷之餘，對自宗宗見也不宜生起「以指為月」的諦實、從世俗言說層面貶抑誹謗其他宗見。

註一　　在古代，菩提樹的中文名稱混亂。據後魏（公元六世紀初）山東高陽太守賈思勰著，現代農業科學家繆啟愉校釋，中國農業出版社（1998 年）的《齊民要術校釋卷第十 . 五穀、果蓏、菜茹非中國物產者—槃多》指出，菩提樹、槃多、貝多、貝多羅諸名，實指兩種不同的樹木。其一是桑科，榕樹屬的菩提樹（*Ficus religiosa*），另一是棕櫚科的貝葉棕（*Corypha umbraculifera*），引起混亂的原因相信是原產地印度語言複雜，及中國古代對外來植物譯名不統一。

註二　　光孝寺，是廣州歷史最悠久的寺院建築，也是一個古植物園。寺址於公元前二世紀為南越王趙建德的故宅。三國時代（公元 220 — 280 年），吳國大臣虞翻，因罪被貶廣州，謫居上址並聚徒講學，世稱「虞苑」。因他於苑內種植了許多花木，包括訶子樹，故又名「訶林」。虞翻死後，其家人捐出該宅第作寺院，取名「制止寺」，及後多次改動：東晉時稱「五園寺」，唐代稱「法性寺」。唐高宗儀鳳元年（公元 676 年），惠能來到廣州，於法性寺加入聽講行列，其間因「風幡之動」一說令人拜服，及後於寺中菩提樹下剃髮及授具足戒，令該寺聲名鵲起。至五代南漢時，該寺又改稱「乾亨寺」；北宋時稱「萬壽禪寺」；南宋紹興二十一年（公元 1151 年），時稱「報恩廣孝寺」，不久後改「廣」字為「光」字，而「光孝寺」一名則沿用至今，寺史長達一千七百多年。

　　　　唐代開始，從印度循水路來華南傳道的僧侶，多在該寺「駐足」（停留），其中有攜來彼邦樹木種子栽於寺園內。至於「訶子」，原稱「訶黎勒」，使君子科喬木，學名 *Terminalia SPP.*。據《本草綱目 . 木之二》解釋，「訶黎勒」在梵語中意為「天主持來」。此外，《廣東新語》卷二十五〈木語〉亦記述其事。近年，《香港植物誌》記錄本地生長的訶子樹有四個品種，多植於公園作觀賞。它們的葉子闊大，呈卵形。初冬前落葉轉深紅色，頗美觀。除菩提樹及訶子外，寺中還有蘋婆（即梧桐科的鳳眼果，學名 *Sterculia monosperma*，參見本書第 36 篇〈被遺忘了的果品 . 蘋婆〉條）。

註三　　衣缽，在佛教禪宗，原指師父傳授給徒弟的袈裟（衣服）及法器，後泛指傳授下來的思想、學問及技能，據云此例始自首位於華南傳道的佛教高僧達摩。

樹木類

註四　元代大德年間（公元 1297 — 1307 年）的《南海郡志‧木》：「菩提樹，州人以水浸，去其浮膜，為元夕燈飾。今（廣州）光孝寺有之。」

註五　在印度，佛教有三大聖樹：

(1) 無憂樹：佛陀在無憂樹下誕生（蘇木科、無憂花屬的喬木，學名 *Saraca indica*）。

(2) 菩提樹：佛陀在菩提樹下悟道（桑科榕屬的喬木，學名 *Ficus religiosa*）。

(3) 娑羅樹：佛陀在娑羅樹間入涅槃（即離世）（龍腦香科的喬木，學名 *Shorea robusta*，傳入中國後稱為「婆羅雙樹」）。

據說古印度有個習俗，婦女懷孕臨盆必須回娘家生產。按佛經所載，釋迦牟尼佛的母親摩耶夫人，懷孕將滿 10 個月，正與宮女們返回娘家待產，在園中見到一顆大「無憂樹」，花朵鮮艷美麗，舉起右手想要摘它。此刻，釋迦牟尼佛就由他母親的右脅（腋下）生出來了。

「無憂樹」除了與信仰有關，也是印度民間常用的藥物，用於治療婦科疾病及皮膚外傷。由於經常為人採摘，在印度野生的「無憂樹」已不多見。近年，國際自然保護聯盟（The International Union for Conservation of Nature，簡稱：IUCN）評定它為「易危」物種。

在印度和斯里蘭卡的佛教和印度教寺廟，可以見到一尊左腳踏在無憂樹根上，右手攀着無憂樹枝的女性雕像。一般認為，該位就是掌管生育的女神。因此，已婚婦女為了懷孕生子，也會吃下無憂花，或去觸摸樹幹。

按無憂樹分為「印度無憂樹」與「中國無憂樹」。「中國無憂樹」原產雲南省，樹冠較高，葉片和花朵也稍大，但它的藥用方式與「印度無憂樹」相同。在中國雲南地區，更是當地寺廟常植樹木。

54 苦楝無甘墜折枝

　　苦楝是廣佈於亞熱帶的落葉喬木，它有粗壯的樹幹、具槽紋的樹皮和擴展的枝條。葉為二回羽狀複葉，小葉眾多，卵形或披針形，末端尖。花淡紫色，初夏開放時，散發少許香氣。

　　苦楝原名「楝」，據宋代羅願《爾雅翼·木》稱：「可練物，故稱楝。」所謂「練物」，是古人以其鞣質的樹皮汁液，加入水中煮粗絲，使其柔軟潔白。另一方面，因其果味微苦，故稱為「苦楝」。此外，又因其圓形果實表皮光滑，成熟時由青色變金黃，垂懸於樹，頗美觀，故又有「金鈴子」之雅稱，果肉多澱粉質，但味淡不宜食用。故此，昔日廣東有民謠：「荔枝好食不生子（指果甜被摘

苦楝及其果實金鈴子

光），苦楝無甘墜折枝（雀鳥也不吃，果實只會留枝上腐爛）。」

苦楝在長江以南各省份栽種歷史很久，因其樹冠頗大，樹葉豐盛，故在廣東它有「森樹」的別名。此外，民間亦說其葉片具神力。南北朝時期（公元420年—589年），陶弘景的《名醫別錄》說：「俗人五月五日皆取葉佩之，云辟惡。」而五代時期，南朝‧梁‧宗懍（公元六世紀）的《荊楚歲時記》亦載：「蛟龍畏楝葉五色絲。」說當地居民於端午節以楝葉包粽，投江中以祭屈原，使他能享用粽食。^{（註一）}

苦楝生長速度比一般樹木快，木材質軟理粗，光澤美麗，扭曲性不大，容易施工，可製作多種家居器具。故此，昔日廣東民間有一種習俗。《廣東新語‧木語》稱：「苦楝最易生，村落間凡生女必多植之，以為嫁時器物。」不過，因其木材不夠堅實，難作建築用途。

十五、六世紀，歐洲人航海到西亞和印度，見到這種樹木，以其發出的柔和氣味，有點像地中海一帶的紫丁香樹（Lilac），所以叫它做 Persian Lilac（波斯紫丁香）。後來英國人到中國沿海，則以它成熟時金黃色的果實耀眼，稱之為 China berry（中國漿果）。按現代植物分類，它屬楝科，學名 *Melia azedarach*。

近代香港發展初期，苦楝常被植作行道樹，取其淺紫色花朵以壯市容，後來因它易受颶風吹折，故試用外國引進的藍花楹（Jacaranda）以代，但同樣不堪風吹。

據林業書籍記載，苦楝喜長於疏鬆的沙質壤土。在香港，新界西北部沿海地區，如廈村的流浮山、元朗的新田一帶，栽種者頗

多。多年前，筆者曾詢當地村民，是否有特別原因而種植，但都得不到合理的答案。後來，從一位當地魚塘經營者口中得知，該批苦楝是 1920 — 30 年代引種，目的是其果實可作塘魚飼料。這種做法是借鏡昔日珠江三角洲蠶桑與塘魚綜合生產的經驗。

十九世紀時，珠江三角洲沖積平原，是廣東省蠶桑與塘魚綜合生產地區。魚塘四周堤堢，遍植桑樹，採葉以養蠶，蠶蛹與蠶糞則傾倒入塘以飼魚。塘魚排泄物堆積於塘底，每年冬季清塘，挖肥泥以沃桑，形成了一個優良的養料循環。二十世紀初，舶來絲綢傾銷，廣東蠶絲業式微，引致桑樹被斬伐。及後改種苦楝以代，利用其含大量澱粉質的果實飼魚。港英政府租借新界後，由於淡水養魚業在元朗發展，業者應用了苦楝果實飼魚的方法，於是區內出現一批苦楝。^(註二)

二次大戰後，外國穀物飼料廉價輸港，其養份遠高於苦楝的果實，加速塘魚生長，令苦楝果實再無用武之地了！

註一　　南朝‧梁‧吳均《續齊諧記‧端午粽》所說更詳盡：
　　　　「屈原五月五日投汨羅水，楚人哀之，至此日以竹筒子貯米投水以祭之。漢建武中，長沙區曲忽見一士人，自云『三閭大夫』（春秋時代，楚國的職官名；屈原曾任此職，並自稱為「三閭」），謂曲曰：『聞君當見祭，甚善。常年為蛟龍所竊，今若有惠，當以楝葉塞其上，以彩絲纏之。此二物，蛟龍所憚。』曲依其言。今五月五日作粽並帶楝葉五花絲，遺風也。」
註二　　多年前，筆者在圖書館看到台灣水產出版社 2001 年刊行的《漁文化錄》，提及明朝嘉靖年間（1552 — 1566 年），學者黃省曾在《魚經》稱：「池（魚塘）之傍樹以芭蕉，則露滴而可以解汎（增加池水）；樹楝木，則落子池中可以飽魚；樹葡萄，架子於上可以免鳥糞；種芙蓉（指木芙蓉），岸周可以闢水獺。」都是古代養魚戶從生產所得的經驗。黃省曾原籍江蘇吳縣，舉人出身致仕，除《魚經》外，亦著有《稻品》，是該年代的漁農業專家。

55 是菜、是花、也是樹木

　　每年四月初，市民如路過油麻地加士居道，或太子道和界限街的九龍城段，都會見到路旁的樹木，滿掛着黃色和白色的花朵，煞是好看。遇上微風，花和葉隨着飄蕩，有些花瓣被吹起，四散飄揚，更是迷人。正如宋代著名詞人辛棄疾的《青玉案·元夕》之句：「東風夜放花千樹，更吹落，星如雨。……」這種樹木，現今稱為「樹頭菜」。如此命名，乃因其原產地雲南、廣西等地民眾，昔日用它的嫩葉，醃成酸菜食用。

　　樹頭菜是白花菜科的落葉喬木，高 10 — 15 米。枝幹灰褐色，散生着灰色皮孔。樹冠大而具帶光澤的葉簇，葉具長柄，有小葉三片，卵形或圓形，先端漸尖，春初抽芽，先於花開放。花為傘房花序，具花 10 — 40 朵，花瓣初為白色，漸轉為淡黃色，卵形或橢圓形，雄蕊長，有點像蜘蛛腳，所以有 Spider Tree 的英語名稱。結成球形漿果，直徑約 3 厘米，表皮幼時平滑，成熟後粗糙。有灰黃色小斑點，內有褐色小種子數粒。在香港，它有兩次花期，首次在四月，第二次在八月，但花朵稀少，在開花前更有部份落葉現象。其出現的遲早，與當年的雨量有關。

　　樹頭菜的木材呈黃白色至淡褐色，木質中等，昔日多用作轆轤（一種利用槓桿和滑車所製成的汲水、舉重或帶轉盤的工作器具）、

樂器及細工等。據植物書籍記載，江浙沿海、台灣及琉球的漁民，有用其木雕作小魚形狀以為餌，引誘魚群，故有「魚木」之名。在本港，同樣有漁民雕成鱠魚狀（見附圖），用幼繩穿着繫於漁船尾部，漁船在海中航行，由於鱠魚有聚群性，尾隨而行，漁民撒網而獲。

此外，樹頭菜昔日有「槐花」的別名，據說是因為它的花朵有黃、白兩色，而且有些像黃槐，故有是名。

樹頭菜的「花海」，攝於 2021 年 4 月初。

引鱠板

本港早期的植物誌，及戰後多版的植物名錄，將這種樹木學名列為 *Crateva religiosa*，中文作「魚木」。根據 2015 年出版的《香港植物誌》中文版第一卷的資料，分為兩個品種，並列出最主要的分類特點：

（一）樹頭菜（學名 *Crateva unilocularis*），小葉側脈 8 — 11 對；果實表皮有白色瘤狀斑點。

（二）鈍葉魚木（學名 *Crateva trifoliata*），小葉側脈 5 — 7 對；果實表皮光滑，無斑點。

後者多為野生，樹形較矮，只偶見於山嶺，市區間中亦有種植。

鑑於樹頭菜的觀賞價值，康樂文化事務署近年在大型公園廣為種植，如九龍摩士公園、大埔海濱公園、天水圍公園等。有意賞花

者，記得預早查閱該署網頁，到時前往欣賞。

　　2021年初，筆者在九龍喇沙利道路旁多株樹頭菜之樹幹上，發現掛上細小的樹名牌。原來，政府推出「二維條碼樹木標籤計劃」，替樹木安設「樹牌」，市民只要掃描牌上的二維條碼，便可獲取更多資訊，從而加深對樹木的認識，並強化對樹木護養的關注。能夠善用各項智慧科技管理樹木，以提升工作成效，此舉值得讚賞！另一方面，筆者又注意到該處附近行人道旁的樹幹有不少腐穴，惟多年仍未有修補，穴中的「飛榕」（雀鳥傳來的榕樹種子所發的幼枝）漸長，遲早危及寄主，應予處理。

試驗性的二維碼「樹牌」

56 子遺植物
——水松和水杉

水松

1950 年代中期，我入職政府的林務工作。見習期間，一位資深同事領我到大埔與粉嶺交界處的泰亨村，見識一種當時本港稀有的高大松杉類樹木——水松。它生長於村旁水溝邊，高約 20 米，樹幹正直，但冠部不廣。他告訴我，曾採其種子育苗，後定植於山嶺低坡，但生長不良，可能是泥土水份不足之故。此外，粉嶺哥爾夫球場內亦有一批生長較佳的水松。

1980 年，中國改革開放，粵港交通較以往方便。我有機會參加一個由香港乘搭長途汽車遊廣東「珠三角」的旅行團，途經順德、江門鄉郊，在車窗看到附近稻田和魚塘邊，長着行列整齊的松杉類樹木。詢問當地導遊，回答是水松。停車小休時，我行近樹木觀察，見到它們的基部膨大，但冠部枝葉稀疏。由於樹木排列整齊，與四周青綠色的禾稻，間以魚塘深藍的水色，構成一幅秀麗的郊景圖畫，令我印象深刻。回家後查閱書籍，得知有關資料。

水松是古老植物。植物學家把它叫做「孑（音竭）遺植物」，意指它從古代存活至今還沒有絕種的少數植物品種。[註一] 遠在距今 6,600 萬年前的新生代（Cenozoic），約有五、六個水松的品種，分

佈在整個北半球，但到現今全世界只遺存一種，而且只生長在中國南部和東南部，以珠江三角洲附近最多，^(註二)福建閩江下游也有，都是人工栽植者，野生林則未見。

據古生物學家考證，水松的化石在格陵蘭（Greenland）上白堊紀（Cretaceous Period）地層中已有發現。在瑞士、英國、北美洲、日本和中國東北遼寧省撫順一帶，也發現有水松化石，由此可知，水松在古代的分佈廣闊。其減少或消失的原因，是地球上氣溫變化，寒冷的北極冰川南移，很多植物因無力抵禦而死亡。另一原因，是人類斬伐樹木過度，令植株不斷減少，繁殖能力較弱的更首當其衝。

水松是杉科的半落葉喬木，學名 *Glyptostrobus pensilis*^(註三)。樹高可達 20 米，樹幹基部膨大成板狀根，並有伸出泥土或水面的吸收根。兩者的結構疏鬆，透氣能力強。故此，它雖然長期生長於水中或濕土裏，也不會因透氣不足而死亡。樹幹正直，樹皮有褐色或灰白色扭紋，主枝平展，側生小枝，排列成兩列。

水松的葉可分為三種。一種是長條形，扁平且薄，長約 1 — 3 厘米，往往排成二列。另一種為錐尖狀，略向外彎，基部較大，長約 4 — 11 毫米。兩者到了秋冬季都隨着小枝一同脫落。第三種是鱗片狀葉，此種葉呈菱形，葉質較厚，緊貼在多年生的小枝上，只在頂端分離而突出，它能在小枝上保存二至三年才脫落。

水松的花是單性花，雌雄同株。雄花呈圓球形，直徑約 4 毫米，裏面有很多淡黃色的花粉囊。雌花比雄花略大，呈卵狀或橢圓形，生於小枝的頂端，略向下彎曲，由約 20 個鱗片緊密連合而成，一般

只有在中部的鱗片才能產生胚珠，經過傳粉授精就育成種子。

水松的果形如梨，幼時綠色，成熟時轉為淡黃而帶褐色，長2 — 2.5 厘米，內含數個褐色種子，有膜質的翅，長 1 — 1.5 厘米。

水松主幹木質疏鬆，浮力大，可作船隻救生工具。昔日珠江流域及港澳水上居民，在小孩背上所繫的防溺木塊，就是用它製成。此外，水松木本身有不少細孔，而且木質富彈性，將它壓縮製成水松瓶塞，既可以防止漏滴，又可以令酒液透過木塞向外「呼吸」，減緩酒液的氧化，達至理想的陳化。更可以製成「通帽」（一種遮陽光的野外工作帽，昔日工程地盤管工常戴）。至於樹枝、樹葉及果實均可入藥，有祛風濕、收斂止痛的效用。在福建沿海，則用水松的種子煮染漁網。

泰亨村老水松的護理

1970 年代初，港府在新界中部發展衛星城市，需擴建大埔公路。初擬的新路線，波及泰亨村邊緣，老水松會受影響。漁農處於是建議稍改路線，獲路政處接納，老水松得以保存。稍後漁農處更將樹址列為「具特殊科學價值地點」（Site of Special Scientific Interest），以警惕將來如有發展工程，必須注意保護。[註四]

對民俗的影響

昔日珠三角地區有傳說，水松能在水中生長，是因為它有「生氣」，於稻田旁種植可使禾稻生長良好，收成增加。另一方面，更有說在婚嫁聘禮上，放上兩枝帶有嫩葉的水松枝，可令婚姻美滿。

水杉

　　除了華南的水松外，華中也有一種孑遺的松杉類樹木——水杉。它的發現和鑑定，是二十世紀中葉多位中國植物學家和林業工作者努力的成果。

　　水杉是杉科落葉大喬木，與水松親緣很近。它高可達 30 米，枝斜展。老樹的枝則不垂，側枝對生，排成兩列。樹皮黃褐色，裂成碎片脫落。葉扁平，在主枝上交互對生。花單性同株，單生在葉腋內，雄花無柄，生於樹枝上部，開花時無葉，故成總狀花序；雌花具柄，鱗片交互對生，呈三角狀卵形。夏初開放，毬果下垂，圓形而微方。種子扁平，周圍具薄翅。

植林區內生長的水杉，樹幹高聳正直。

水杉的主幹

水杉的枝葉

發現經過

1941 年冬天，當時的中央大學森林系教授干鐸，從湖北省西部前往四川重慶途中，在利川市的謀道鎮，一條名為「磨刀溪」（現稱謀道）旁邊，見到一棵獨生的大樹，當地鄉民稱為「水杪」或「杪木」[註五]，引起他的注意。當時樹葉已經全部脫落，故未能採得標本。

1943 年夏季，當地政府林業試驗場「技正」（技術主任）王戰，於公幹時路過附近，因早前已聽聞有關巨木的消息，順路到達上址，並採得幾份標本帶回試驗場。

1945 年夏季，王戰託人將其中一份標本，交給原中央大學森林系樹木學教授鄭萬鈞鑑定，鄭氏看過後認為並非水松，而是新類群，後與中央林業實驗所所長韓安（韓竹坪）暫定名為 *Chieniodendron sinense*。

1946 年 4 月、5 月間，在北平（現今北京）的靜生生物調查所所長胡先驌教授，在助手傅書遐的協助下，將鄭萬鈞寄來的標本鑑定為水杉，其學名 *Metasequoia glyptostroboides*[註六]，是根據較早前日本學者三木茂發表的植物化石 Metasequoia 而名。

1948 年 5 月，胡先驌和鄭萬鈞聯名在靜生生物調查所《匯報（新編）》第一卷第二期中發表《水杉新科及生存之水杉新種》，確定了水杉的學名以及它在植物進化系統中的重要位置，得到國內外植物學、樹木學和古生物學界的高度評價。

原認為早已滅絕只存在於化石之中的水杉（Metasequoia），當現存種被發現在中國的消息傳出後，引起各國植物學者和古植物學

者的興趣。美國加州大學伯克萊分校古生物系主任陳利（Dr. R. W. Chaney），於 1948 年專程來華實地考察。水杉發現的經過由各種媒體廣泛報導進而為世人所知，被視為植物學的重要發現。

水杉在植物界的位置被確定後，中國及海外的植物園和其他園林機構，紛紛引種作標本或觀賞。它在華南及香港亦能生長繁殖。1984 年，湖北省首府武漢市將水杉定為「市樹」。近年，它更被中央政府列為「國家一級保護植物」。

註一　孑遺，用廣州話俗語來說，就是「死剩種」。另一方面，古生物學家則稱之為「活化石」。
註二　水松在中國古籍中早有記載。因時代不同，記述的重點各異，有些更未必正確，但有參考價值，故錄之供讀者一覽。
　　(1) 西晉・嵇含《南方草木狀・卷中：瑞木》：「水松者，葉如檜而細長，出南海（即今廣東省）。土產，眾香而此木不大香，故彼人無佩服者（指佩帶使用）。嶺北人極愛之，然其香殊勝。在南方時，植物無情者也，不香於彼而香於此，豈屈於不知己而伸於知者歟？物理之難窮如此。」所說的重點在其木材的香氣。
　　(2) 水松有「抱木」的別名。唐代段公路《北戶錄・卷第三・抱木屐（古代的木底鞋）》：「一名水松，生水中，無枝，形如笋。亦曰松枹。今為屐是也。」（意指其木材用以製造木屐），後稱之為「抱木」，抱亦作泡，意為浮。
　　(3) 清・屈大均《廣東新語・卷二十五・木語》：「水松者，櫻也，喜生水旁。其幹也得杉十之六。其枝葉得松十之四，故一名水杉。言其幹則曰水杉。言其枝葉則曰水松也。東粵之松，以山松為牡，水松為牝。水松性宜水。蓋松喜乾，故生於山。檜喜淫（濕），故生於水。水松，檜之屬也，故宜水。廣中凡平堤曲岸，皆列植以為觀美。歲久，蒼皮玉骨，礧砢而多瘦節。高者塵駢，低者蓋偃。其根浸漬水中，輒生鬚鬣，嬝娜下垂。葉清甜可食，子甚香。又嘗有木生其旁，举起於地。與相抱若寄生然，名曰抱木，甚香，亦曰抱香。質柔弱不勝刀鋸，乘淫時剞而為履，易如削瓜。既乾，則韌不可理矣。嵇含言：『土人不甚珍此，亦不大香。嶺北人愛之，香乃殊勝。』」按屈氏所言，水松與水杉的分別之一，是在對水份的要求。

樹木類

329

註三　水松按現代植物的分類，亦因時代不同，分類準則的改變，及新的科學證據出現等而更新。2015 年《香港植物誌》，中文版第一卷第 10 頁，就羅列了過去一百年此品種學名的多次變更。

註四　有關此事件發生經過，記錄於饒玖才與黎接傳合撰的（Canton Water Pines - *Glyptostrobus pensilis at Tai Hang Village, New Territories*）。全文見於皇家亞洲學會香港分會 1982 年刊第 302 ─ 305 頁。按 Canton 一名是英國人在十七世紀初到廣州「十三行」地區經商時所定，他們把廣東省與廣州市混為一談。上述稱謂原意是廣東省的水松。

註五　宋‧范成大《桂海虞衡志‧草木》：「杉木與杉同類，尤高大，葉尖成叢，穗小，與杉異。猺峒（瑤族的村落；「猺」今改正為「瑤」）中尤多。劈作大板，背負以出，與省民博易。舟下廣東，得息倍稱。」由此可知，十二世紀時，廣西少數民族瑤族的聚居地區，有頗多水杉生產，後來或因濫伐而致滅絕。而《本草綱目‧木之一‧杉》：「杉，原作煔（音杉），亦稱『沙木』或『橄（音敬）木』。」據此說法，當地的土名「水杉」與「杉木」，可能是該樹於明代的名稱。

註六　水杉的學名 *Metasequoia glyptostroboides*，其屬名 *Metasequoia* 是與北美洲西岸一種古老而高大的植物──紅杉 *Sequoia* 有關，而 *Sequoia* 一名據說是向北美洲印第安族一位土著智者 Seguoyah（曾為土著發明音節文字）致敬而命名。*Meta* 意為變化，指由它變化而來。其種名 *glyptostroboides*，則指它和水松相似。*Sequoia* 有一個中文音譯名稱──「世界爺」，既能點出紅杉的巨大身形，亦印證它在古植物世界的特殊地位。

57 「大館」的「古木」

屹立香港島逾170年的中區警署建築群，經過逾十年的策劃及修復，搖身一變成為該區的新地標——「大館」，一座集歷史文物及當代藝術於一身的古蹟及藝術館，為該建築群賦予新價值，並延續它與香港人的故事。

有關建築物的歷史、設施及其功能等，該館的訪客指南及報刊已有詳盡的介紹。筆者只就留存的

「大館」的杧果樹，4月份花盛開。

幾株「古木」，補充一些背景資料，供讀者參考。

館內現存的樹木有五種，分別位於：

樹木類

檢閱廣場（Parade Ground）

（一）杧果——廣場西邊（奧卑利街入口）；

（二）複羽葉欒樹——廣場東邊。

監獄操場（Prison Yard）

（三）南洋杉；

（四）雞蛋花；及

（五）石栗。

此三種樹木同聚於操場東南角。

上列五種樹木均有「樹名牌」，但相關內容從缺。為增加遊客的興趣，現將有關資料梳理，分列如下：

杧果

杧果原產於印度的熱帶地區，在中南半島和中國西南部亦有野生者。在印度，其栽培歷史超過 6,000 年。十六世紀，葡萄牙人從印度西岸海港果亞（Goa），將它帶到她的南美洲殖民地——巴西種植後，其甜美的果實才開始名聞於世。葡人根據它的印度泰米爾（Tamil）語原名 *Mangi* 轉成葡語 *Mangay*，後來在英語變成 Mango。不過，在中南半島及南洋各國，則採用印度巴利文 Amba，或梵文 *āmra* 為名，早期的中文書籍，如元代《島夷誌畧》音譯「庵波羅果」；明代馬歡《瀛涯勝覽·蘇門答剌國》則作「俺拔」。它的學名 *Mangifera indica*，就反映了它的原名及產地（意指印度一種長有杧果的樹木）。

杧果是漆樹科的常綠大喬木，樹冠廣大。葉簇生於枝頂，革質，呈矩圓形，長 10 — 20 厘米。花為頂生的圓錐花序，黃色有微香。其果呈鵝卵形或豬腰形，體積大小不一，成熟時果皮呈黃色，間有黑斑，核呈扁形，質堅硬。杧果不單果肉甜美，其木材品質也良好，尤其適合製作木箱。據記載，十八、九世紀從印度輸往中國的鴉片，就是用它來裝箱。

　　據農業學者指出^{（註一）}，雖然中國雲南、廣西及廣東均有野生的杧果，但因味酸肉薄不堪食，故明代以前的古籍，均無提及。直至明末（十六世紀），印度杧果傳入華南及台灣後，記述漸多，但名稱各有不同。^{（註二）}

　　杧果在廣東雖有栽種，惟結果較少，其味道亦遠遜於南洋各地所產，其果核大但肉薄，且纖維多，故通常只醃漬作小食。另一方面，因其樹冠形狀美麗，在廣東很多城市都植作行道樹，作此用途者多為本地的野生種，俗稱「天桃」^{（註三）}。在華南，杧果有多個別

杧果樹盛開的花簇

名。較早出現的是明末時的「蜜望」。清初《廣東新語‧木》說：「蜜望，樹高數丈，花開繁盛，蜜蜂望而喜之，故曰蜜望。花以二月，子熟以五月。色黃，味甜酸，能止船暈，飄洋者兼金購之。一名望果。有天桃者與相類……粵謠云：『米價高，食天桃。』故廣（東）人貴望果而賤天桃，貴之故望之。蜜（蜂）望其花，人望其果也。」

　　清代中葉，吳其濬的《植物名實圖考長編》作「樣果」，並解釋：「此果花多實少，方言謂誑樣，言少實也。」稍後，又有「檬果」和「芒果」之名，都是 Mango 的音譯。台灣則名為樣（音蒜）仔，是閩南人所用的稱謂，據云是印尼帝汶島（Timor）語 Soh 字譯音。近年出版的《香港植物誌》則以「杧果」為正式名稱。

　　本港所食用的杧果，昔日幾乎全部都是菲律賓出產的「呂宋杧」。1970 年代開始，間中有其他東南亞地區及南美洲產品銷港，果品的形狀及大小各異，但其味道都難以超越呂宋杧。

本地生長的杧果

在香港，杧果只偶然見於新界鄉村，多混生於風水林邊緣，在港九市區亦少見，大館的一株，可算是「長老」。曾有警界前輩說，如當年「大館」的杧果樹結實多，則該年度警務人員亦多晉升！所以，它被稱「升職樹」。二次大戰前，服務香港警隊的印度各邦人士頗多，這些杧果樹是否他們提議而栽種的？「升職」之說又是否印度傳說，難以證實。無論如何，這株古樹的保存，增加了訪客遊覽的興趣。有人更譽之為「鎮館之寶」。

複羽葉欒樹

欒音聯，欒樹是無患子科的落葉小喬木，原產於華中、西南各省。它的樹皮通常呈薄片狀剝落，葉為雙重羽狀複葉。葉片紙質，古代用作青色染料。花為圓錐花序，於夏季開放，呈金黃色或紫紅色，故有 Golden Rain Tree 的英語名稱。結成小蒴果，於秋末成熟。雖然欒樹與龍眼和荔枝是近親，但其果則不合食用。在古代，它的木材則可製小器具。近代則多植作觀賞，本港市區間有種植。

複羽葉欒樹的花朵與果實（照片提供：漁農自然護理署）

複羽葉欒樹的學名是 *Koelreuteria bipinnata*，前者（屬名）是十九世紀一位德國植物學家的姓氏，後者（種名）則是形容它的複羽葉特徵。

南洋杉

南洋杉是南洋杉科的高聳針葉樹，學名 *Araucaria cunninghamii*。它原產於南太平洋托雷斯海峽（Torres Strait）南北兩岸地帶，即澳洲的昆士蘭省與巴布亞新畿內亞，故有「南洋杉」之名。在昆士蘭，則因其粗糙的樹皮脫落後，在幹上留下環狀痕跡，當地居民稱之為「環松」（Hoop Pine）。

南洋杉高可達 30 米以上，在森林中生長，它的樹冠呈瘦長形，但在空曠地方則可長成塔狀。其橫枝稍下垂，幼葉呈針形，老葉則成緊密的覆瓦狀排列。春夏開花，結成卵形的球果（亦作毬果，英語作 cone）。

南洋杉（照片提供：漁農自然護理署）

它在香港開埠後不久（1860 年代），由政府園林部引入，只有少數種於植物公園、港督府和當時的政府建築物旁，作美化和觀賞用^(註四)。它雖然能在本港生長和開花結果，但種子均不能發芽，故無法繁殖。另一方面，因香港常有颱風，高聳的南洋杉易被吹倒，故在二次大戰前的植株，能保至今的很少。大館的一株可能因四周有屋宇作屏障，是少數的僅存者。不過，這種樹木於戰後在本港植林史曾有一段短暫的「光輝」。

　　1952 年，一位澳洲商人來港，開設了一間「大嶼山發展公司」（Lantao Development Co.），向政府租賃一幅在大白（即今愉景灣）附近的山地，計劃植林。他從家鄉昆士蘭引入一批南洋杉的種子，自設苗圃培育幼苗^(註五)，但他其實是經營偏門生意的。不久，東窗事發而宣佈破產，連累植林計劃也告吹。留下的樹苗，交給了當時的農林漁業管理處，分發各處山頭種植，但生長並不理想，部份更被山火焚燬，只有芝麻灣半島幾處蔭蔽的山谷中，長成樹林。

雞蛋花

　　雞蛋花是夾竹桃科的落葉大灌木，原產於中美洲墨西哥。十六世紀時，由葡萄牙、西班牙及荷蘭殖民者引種至全球的熱帶地區。其幹內部組織疏鬆，有如肉質莖，故不能成材。其枝常三叉分枝，即在生長時頂芽不久便停止生長，在它的旁邊生出三個側芽，這些側芽同時長出枝條，故成三分叉，間中也有二條或四條分叉。其形狀有點像鹿角，故有「鹿角樹」之別名。整體來説，它的樹冠呈廣圓形，相當美觀。

樹木類

雞蛋花的葉似枇杷葉，但表面無短毛，摘斷葉柄或損傷樹枝時，有白色的乳汁流出。它的花序生在枝的頂端，厚紙質。花為合瓣花，下部管狀，上部分裂成五塊倒卵形的花瓣，向左覆蓋，有些像「風車」。雄蕊生於花冠管的基部。花瓣白色，花心黃色，有如蛋白包着蛋黃，故在中國有雞蛋花之名，亦有品種花瓣背面呈紅色。花期夏秋，長達五個月。開花時花味清香，令人喜愛！雞蛋花雖然花多，但結實者少，故多用插枝繁殖。它的學名是 *Plumeria rubra*，前者（屬名）是一位植物學者的姓氏，後者（種名）是指花朵帶紅色的變種。

　　雞蛋花的主要用途在其花朵，可作商業用和藥用。因為它的花朵眾多，形態美觀，含水份足，能保鮮較長時間，所以，香港的殯

花瓣背面呈紅色的「變種」雞蛋花（照片提供：漁農自然護理署）

儀業常用此花作花牌和花圈的「底板」。而夏威夷旅遊業，則喜用之作花環，套在入境遊客頸前，以示歡迎（Aloha！）。雞蛋花曬乾後焗茶，味道清香，有清熱祛濕、潤肺止咳之效。廣東肇慶七星岩出產的雞蛋花最有名，當地習慣以此奉客，稱為「雞蛋花茶」。昔日，香港市面涼茶舖所稱消暑散熱的「五花茶」，其中一種花料就是雞蛋花，它有治濕熱和下痢之效。

在廣東，雞蛋花又稱「海曇花」。清代仲振履的《虎門攬勝》記載（東莞虎門鎮口靖海神廟）：「廟側多海曇花，高不及二丈，葉似枇杷而無毛，花上白下黃，六出而無心，旋謝旋開，四時不絕。其香似橘柚，華（花）而不實，亦嘉樹也。」此外，它亦有「貝多羅」的別名。清初屈大均《廣東新語·木語》稱，「貝多羅來自西洋，葉大而厚，梵僧嘗以寫詩。唐人詩《貝葉經文手自書》是也。花大如小酒杯，六瓣，瓣皆左紐，白色，近蕊則黃，有香甚縟；落地數日，朵朵鮮芬不敗。」這似乎與菩提樹別名之同名異物相關。在雲南，因其花香味像梔子（*Gardenia SPP.*）而經緬甸傳入，故稱「緬梔子」。

另一方面，它傳入台灣之初，當地人稱之為「番花」，蓋來自番邦也！清·康熙六十一年（公元 1720 年），御史黃叔璥巡視台灣時所作的《臺海使槎錄》（簡稱《使臺錄》）卷三記述：「番花，葉大於枇杷，枝每三叉。花有五瓣、六瓣者，外微紫，內白色，近心漸黃，香似梔子。夏秋多開，冬則葉落。但名番花，似屬統稱。」同書卷四又引康熙三十六年（公元 1697），學者郁永河的《裨海紀遊》內的〈臺灣竹枝詞〉：

樹木類

「青蔥大葉似枇杷，臃腫枝頭着白花；

看到花心黃欲滴，家家一樹倚籬笆。」

末句意指它遷插易生，台灣居民多植之為籬。

雞蛋花的外語名稱 Frangipani，其起源有兩種說法：一為法國人因其莖受損時流出的乳汁而名；二為意大利人家族名字，他們從雞蛋花中提煉成香料而致富。

石栗

是大戟科的常綠大喬木，原產於馬來西亞，後廣泛傳至亞洲的亞熱帶地區。在中國，廣泛分佈於廣東、廣西和雲南三省。西晉‧嵇含《南方草木狀》卷下〈果類〉：「石栗，樹與栗同，但生於山石罅間。花開三年方結實，其殼厚而肉少，其味似胡桃仁，熟時，

石栗的果實（照片提供：漁農自然護理署）

或為群鸚鵡至啄食略盡，故彼人多珍貴之。出日南。」^(註六)它的樹幹通直，葉呈三角形或盾形，近頂部者呈灰白色。花白色，結成球狀核果，外殼堅硬，內含種子，故稱「石栗」。其果仁含油質，可製蠟燭，因此英語稱為 Candlenut tree，學名 *Aleurites moluccana*。二十世紀初，在廣東各縣市及香港常植作行道樹。二次大戰後，逐漸被其他和本地外來樹種替代。在「大館」現址，因排水不良及日照時間較短，故生長欠佳。

觀感

當筆者坐在監獄操場由館方提供的帆布椅休息時向上望，整個大館被四周的高聳大廈所包圍，視覺上有點像「坐井觀天」，從而想到，館內樹木的日照時間、空氣清新度、風力的強度和旋轉方向，都與空曠的山坡地不同。這些因素對尚存館內樹木有甚麼影響？如何護理？值得我們思考。

註一　楊寶霖：〈杧果來華年代考辨〉，載於《華南農業大學學報》，1987 年第一期。該文的結論：「廣稽群籍，首載（外國）杧果（來華）的，要數（明）嘉靖十四年（公元 1535 年）成書，戴璟著的《廣東通志稿》（卷三一〈土產〉：『杧果，種傳外國，實大如鵝子（即鵝蛋）狀。生則酸，熟則甜。唯（廣東）新會、香山（今中山）有之。』。」
註二　包括：蜜望、望果、樜、梬、蚊果、悶果、檬果、檨（福建、台灣）及天桃。據楊寶霖在《杧果來華年代考辨》稱，雲南、廣西所生長的野生杧果，其學名為 *Mangifera austro-yunnanensis*。
註三　清·乾隆年代，趙學敏的《本草綱目拾遺·果·蜜望》，將天桃寫作夭桃。《詩經·周南·桃夭》：「桃之夭夭」。據《辭源》解釋，「夭」，比喻女少而色盛也，意指艷麗嬌美的年青女子，故夭桃亦是佳名。兩種寫法（天、夭）之異，可能是昔日印刷之誤引致。

樹木類

341

另一方面，印度杧果傳入台灣後，文人亦有詩詠其物。清·康熙，孫元衡《赤嵌集·檨子》（六十七《臺海采風圖考》引）：

「千章夏木佈濃陰，望裏纍纍檨子林。

莫當黃柑持抵鵲，來時佛國重如金。」

清·雍正，張湄《瀛壖百詠》（乾隆《重修台灣府志》卷一八〈物產〉引）：

「參天高樹午風清，嘉實累累當暑成。

好事久傳蕃《爾雅》，『南方草木』未知名。」

註四　過去百多年引入香港的南洋杉共有三種，分別為：

1.	*Araucaria excelsa*	花旗杉（Norfolk Island pine）
2.	*Araucaria cunninghamii*	南洋杉（Hoop pine）
3.	*Araucaria bidwillii*	塔杉（Bunya — bunya）

按 *Araucaria* 之名，是源自南美洲的智利（Chile）一個土著民族 Arauco，其居住的山區多塔杉，故植物學將其作為學名。另一方面，1970 — 80 年代各版的《香港植物名錄》，曾將花旗杉與南洋杉的名稱混淆，塔杉則因近年已無法在本地存活，已於 2007 — 11 年的《香港植物名錄》除名。

註五　部份資料取自 1955 年度農林漁業管理處，包括 1953 — 1954 年報第 285 節及1954 — 1955 年報第 277 節。

註六　日南，即今越南北部。古代為中國「交州」之地，隸屬廣東。

主要參考書籍

古代書籍

1. 晉‧嵇　含：《南方草木狀》，上海古籍出版社，1993 年。
2. 唐‧劉　恂：《嶺表錄異》，上海古籍出版社，1993 年。
3. 宋‧羅　願：《爾雅翼》，黃山書社出版（安徽），1991 年。
4. 元‧王　禎：《王禎農書》，農業出版社（北京），1981 年。
5. 明‧李時珍：《本草綱目》。中國書店（北京），影印版，1988 年。
6. 清‧屈大均：《廣東新語》，中華書局（香港），1974 年。
7. 清‧汪灝等；《廣群芳譜》，河北人民出版社（石家莊），1989 年。
8. 清‧吳其濬：《植物名實圖考長編》，中華書局（北京），2018 年。

現代書籍

9. 中國科學院華南植物研究所：《廣州植物誌》，科學出版社，（北京），1956 年。
10. 《廣東風物志》，花城出版社，（廣州），1985 年。
11. （香港植物標本室聯同華南植物園合作編著）《香港植物誌》（*Flora of Hong Kong*），英文版四卷，香港特別行政區漁農自然護理署出版，2007 — 2011 年；中文版，第一卷，2015 年。
12. 郭信厚《世界水果圖鑑》，城邦（香港）出版集團，2019 年。

樹木類

www.cosmosbooks.com.hk

書　　名	蔬果花木拾趣
作　　者	饒玖才
責任編輯	吳惠芬
美術編輯	郭志民
出　　版	郊野公園之友會
	網址：www.focp.org.hk
	天地圖書有限公司
	香港黃竹坑道46號新興工業大廈11樓（總寫字樓）
	電話：2528 3671　傳真：2865 2609
	香港灣仔莊士敦道30號地庫（門市部）
	電話：2865 0708　傳真：2861 1541
印　　刷	亨泰印刷有限公司
	香港柴灣利眾街德景工業大廈10字樓
	電話：2896 3687　傳真：2558 1902
發　　行	聯合新零售（香港）有限公司
	香港新界荃灣德士古道220-248號荃灣工業中心16樓
	電話：2150 2100　傳真：2407 3062
初版日期	2023年7月／初版